瓷绘霓裳

民国早期时装人物画瓷器

张朋川　张　晶

文物出版社

摄　　影　　赵广田
图版说明　　张　晶
　　　　　　张　卉

责任编辑　　姚敏苏
装帧设计　　蔡明恕
责任印制　　陈　杰

内涵丰富的
民国粉彩时装人物画瓷器

张 朋 川

一、难得的缘分

提起民国时期的瓷器，收藏家们很难打得起精神。一般人印象中的民国瓷器，从内容到题材多半是沿袭清代的，要不就是仿制清代雍正、乾隆等时期的作品。总的来说，民国的瓷器器物造型因循守旧，工艺制作粗率简陋。因此，在厚厚的一本《中国陶瓷史》中，关于民国瓷器只简括地写了一句话："二十世纪上半叶，瓷业衰败。"那末民国瓷器是否发展甚微而无可称道呢？其实不然，民国瓷器在绘画技法、瓷釉工艺等方面都有所发展，单就描绘时装人物的瓷器来说，就是前所未有的，而且只有在民国初期这一段时间里才集中地出现。由于这种画着时装人物的瓷器是民国初期时代新潮的产物，因此最能表现出民国瓷器绘画题材的特色。转眼间，又是百年，屡经风云变幻，故人去，物易主，留存至今的民国粉彩时装人物画瓷器已经不多，犹如海潮过去在沙滩上筛留的螺壳，兀自在壳腔中回荡着昔时的潮音。

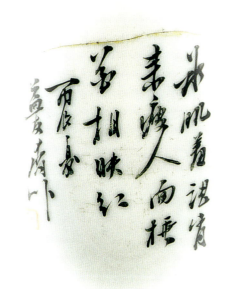

1 仕女戏兔纹长颈双耳瓶

丙辰年（1916年，民国五年）

高22、口径8、底径6厘米

芭蕉树下，假山之前，一个挽云髻的女子手握绢帕、折扇，凝望着面前吃草的两只小白兔。她身穿粉红色遮颊高立领斜襟窄袖长衫，蓝色绣花马面裙下金莲微露。瓶肩部饰有两红色铺首小耳。

背面题款"吉羊"，并题诗："冰肌羞涩宵来瘦，人面桃花相映红。丙辰夏益友斋作。"底款"益友斋作"。

我第一次见到的一件民国时装人物画瓷器，是无意间在一个文物商店的柜台售品中发现的，在码得满满的清朝末期和民国初期的圆形瓷盘中，闪出一件边缘呈波曲状的叶形瓷片，这种瓷片原是镶在硬木制的屏挂上的，瓷片上画着一位站立的身穿露胳膊和小腿服装的大脚女子，右手持着鲜花，身后映衬着两株花蕾初绽的小树，瓷叶左上方题写着"利生工厂"的瓷厂名字（图25）。我请柜主拿出瓷片看了一下，又放回柜中。当时认为这只是一件民国时期的瓷片画，在以老字号为荣的国度里，不到百年的物品是称不上古董的，何况这又是一件小型瓷饰片，不入大雅之堂，亦无观赏价值，因此，收则无用。过后，不知怎地，我心里却丢不下这件瓷片画，不住地琢磨，这瓷片画上的女子穿着衣袖到肘、裤仅过膝的时装，在民国早期露出些许胳膊和腿的女性，就会令人刮目相看，被视作摩登女郎。民国瓷器虽多而平庸，但这种画有时装女子的瓷器，以前从未见过。既然"少见"，就理应"多怪"。既然见到了这件别开生面的民国瓷器，又产生了相识相知之感，那就"眼所遇者，莫放过耳"。

我像将遗失掉的重要物品匆匆忙忙地捡了回来。转念间，我的艺术品柜橱中，增添了民国时装人物画瓷器的独特品种。

仍是那个卖给我时装人物画瓷片的文物柜主，又翻找出一件绘着时装人物的六角形瓷片，特意给我留下。从瓷片上手持线装书的妇女的服装来看，衣领略高，衣袖较长，在年代上应比前面所收的瓷片要早（图29）。这使我感觉到民国时装人物画瓷器是在一段时间中发展起来的，并非是个别的偶然现象，值得留意。

促使我下功夫专门搜集民国时装人物画瓷器的念头，却是由一件刷有红漆的大瓷瓶引起的。一天，文物商店的一位朋友和我闲谈，此前我曾托他留意民国时装人物画瓷器，他提到有一件刷上红漆的瓷瓶，从红漆中露出的图画，应该画的是时装人物。我听说后，立即前去观看这件瓷瓶，瓷瓶的上半部被红漆盖满，下半部的红漆略作清除，露出的画面中有一群身穿时装的女子，还有一些人物图像在斑斑驳驳的红漆中若隐若现。但我觉得瓷瓶上用红漆去掩盖的不止是时装女子的图像，在未被清洗的红漆下面，一定还掩盖着尚未被人知晓的秘密。

以我在"文化大革命"中的亲身经历，使我体会到，瓷器上的红漆是"破四旧"期间刷上去的。那时，

---

2 怀抱稚子图深腹盖罐

丙辰年（1916年，民国五年）

通高27.5、口径8.5、底径13.5厘米

一个梳高髻的妇女怀抱幼子立于厅堂之前，她身穿高立领绣花长衫，下穿黑色马面裙，身后一个男童牵拉着母亲的衣衫，男童头戴黄色贝雷帽，身穿蓝色毛背心。抱婴妇女正在和一梳长辫、着花坎肩的婢女说话，两人手势生动。婢女身后一女子手托花盘，身穿高领绿格纹长衫，下着黑色马面裙，梳东洋式发髻。身后窗棂开敞，铁栏围绕着树木葱茏的花园。

背面题："春风脸比桃花浓，晓雾眉分柳柔长。时属丙辰之夏月书于昌江松林阁，洪步余写。"

我母亲独自一人住在北京中南海西边的一个小胡同里，那是红卫兵"西城纠察队"抄家最猛烈的地段。有一户近邻就被抄了家。我母亲哪经得住这等惊怕，将家中藏的名人字画一把火烧光。通过我家的遭遇可以联想到，这件瓷器和它的主人在这期间也遭受和面临着很大的变故，瓷瓶上一定画着当时极为犯忌的图像，可是瓷瓶的主人一定很珍爱这件瓷瓶，也许这瓷瓶和他生命中某一段重要时光联系在一起，因此爱惜如命，舍不得毁掉，于是用当时刷标语的红漆把瓷瓶涂盖得严严实实。我不愿再往下想，买了瓷瓶就走。

回到家，我用香蕉水慢慢地洗刷瓷瓶上的油漆，随着瓷瓶上的油漆被洗掉一寸，我的惊喜就增加了一分。逐步看清了瓶腹的正面画着一组人物，有六个站立的各有不同姿态的女子，有的还抱着或牵领着小孩，围着坐在椅上拉手风琴的女子。手风琴不大，像一本厚书，两侧有可容进四指的把套，分外小巧。拉手风琴的女子穿着时髦的高领衣，梳的是流行的高髻，拉的是从西洋进来的手风琴，演奏的也可能是西洋的乐曲，这样的女子在当时可以称得上新潮人物

---

3 执伞夏归图长颈对瓶（2件）

丁巳年（1917年，民国六年）
高27.5、口径9、底径9.5厘米

夕阳西下，三丽人盛装游玩归来。高挑个头的女子一手提着黄色西式小包，撑着黑色洋伞；顶梳高云髻，脑后别红花；高立领紧贴双颊，绿色点花上衣两侧开衩，领、袖口露出红色夹衣，翠色绣花长裙下露出尖尖的小足。另两女子拈花携杖，相互扶持。二人均留细碎刘海，着高领锦绣上衣，露内夹衣。一个穿蓝色方格裤，另一个穿黑色绣红花马面裙，身后垂柳假山，小桥流水。两瓶纹饰内容相同，构图相对。

背面题款："吉祥。卫生执柄洋绸伞，护爱花容掩太阳。丁巳夏余钊作。"

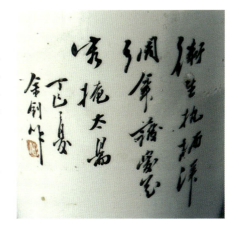

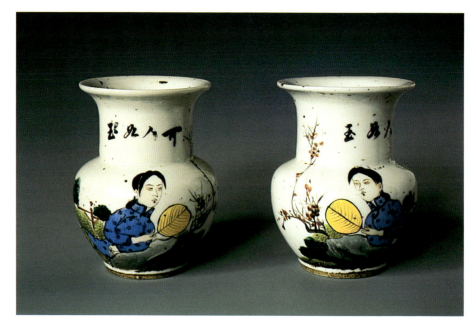

4 团扇仕女图小对瓶（2件）

丁巳年（1917年、民国六年）

高10、口径7、底径4.5 厘米

两瓶各绘一着宝蓝色高立领梅花纹长袄的妇女，手执黄色团扇，倚坐在山石边。面容清秀，梳髻，前额有燕尾式前刘海。下着绿色圆点长裤，露出红鞋纤足。身后栏杆绿圃，树木葱茏，花朵争俏。

瓶颈部题字："可人如玉"、"吉年"。瓶身题款"丁巳秋夏鼎臣作"。

了。然而时过境迁，在"文化大革命"中，阔小姐拉手风琴被看作是资产阶级情调。但仅此而言，似乎尚不至于有太严重的问题，被红漆掩盖的应该有更隐秘的内容。不出所料，将红漆从瓶的肩部洗褪后，露出了彩绘的两面交叉放置的旗子。一面是以红、黄、蓝、白、黑五种颜色的条纹并置的五色旗，这五色旗是中华民国早期的国旗。另一面旗子的中央置有十个星芒的黑色放射状纹，星芒的各顶端之间各有一颗橙黄色的圆星，黑色星芒纹内又有作一圈排列的八颗橙黄色星，总共十八颗星。这种式样的旗子我从未见过，问

5 美人欢颜图长颈瓶

约1917年

高58.3、口径20、底径16.2 厘米

铺着彩色桌布的大桌周围聚满了妇人和孩童。坐在桌旁的美妇身着高领贴颊的绣花窄袖长袄，下着回纹锦绣马面裙。另一妇人站立桌前，着素蓝色滚边斜襟长衫、回纹锦绣马面裙，扶抱着在桌上戏耍的婴孩。桌前两少年，抱球的一个短发披巾，着长袍；另一个留髭发。中间的女子身后有两个小孩相嬉，其中一个站在芭蕉叶上，身穿两侧开衩的黄色锦绣高领长坎肩，内穿蓝袍，手执书卷。众人身后白墙洞窗，树根花架上花朵盛开。

背面颈部题"仿古文法"，腹部题："美人欢然同玩景，爱怜稚子弄身前。于珠山客次，胡椿泰作。"

6 书斋仕女图粉盒

丁巳年（1917年，民国六年）

通高 5、内口径 8、底径 5.5 厘米

粉盒盖面圆形画面中，一女子倚靠于书斋门前，梳髻，额前留燕尾式刘海；着高立领湖蓝色黑点斜襟窄袖口上衣，雪青色团花锦绣褶裙，露小脚。旁边翠绿帐幔半掩，露出几案和书本。盒中有一个带洞眼的瓷片活夹层，下面装粉，上面放粉扑，夹层上用朱砂色写"夫荣子贵"字样。盒身题记："人面桃花相映红。丁巳秋夏鼎臣作。"

了一位经过岁月沧桑的长者，他说可能是最早的国民党旗。在"文化大革命""破四旧"摧枯拉朽的红色风暴中，"窝藏"着画有五色旗和十八颗星旗的瓷器，物主当然免不了牢狱之苦，重则还有血光之灾。显然，这才是当年将这瓷瓶遍涂红漆的真正原因。

后来见到中国历史博物馆出版的《中国历史陈列》展览图录，展品里有一面复制的十八星旗，形制与瓷瓶上的十八星旗大同小异，不同处是放射状纹有黑白之别，十八星的排列位置也有所不同。书中写了十八星旗的性质和作用："武昌起义成功后，湖北军政府曾经悬挂这种旗帜,它是中华民国的国旗之一。"
杨立强、刘其奎主编的《简明中华民国史辞典》对十
八星旗有更详尽的阐述:"十八星旗全称'铁血十八
星旗'。旗面置十八颗星,代表全国十八个行省;星
用红色,示意光明。1906年同盟会在日本东京召集干
事会,讨论中华民国国旗样式,一些会员设计此旗,
因意见分歧而搁置。1911年10月武昌起义后,湖北
军政府采纳孙武等建议,以此旗为中华民国国旗。湖
南、江西等省光复后也悬挂此旗。1912年6月,北京
临时参议院议决,以五色旗为中华民国国旗,以此旗
为陆军旗。"因此瓷瓶上画的两面旗子,一面五色旗
是中华民国国旗,另一面十八星旗是陆军旗。瓷瓶上
画的十八星旗,与中国历史博物馆复制的十八星旗的
形制不尽相同,是否由早先的国旗改为陆军旗后,局
部的样式作了改动,这留待以后作进一步的考证。

　　经过一番清洗,终于全部清除掉瓷瓶上的红漆,
可以从容地仔细观察瓷瓶上画面和题诗、题款。瓶腹
的正面绘着各式花卉围绕的有波曲形外框的开光,开
光中为妇女儿童围听演奏手风琴的画面。画面左上方
有五行行书题字:"美色清华。己未夏洪步余作。"己
未年为公元1919年,即民国八年。1919年的夏天,正
值"五四运动"爆发不久,新文化运动高涨之际。这
恰是这件瓷瓶上的女子拉手风琴图产生的文化背景。

　　这件瓷瓶腹部正面绘的开光上端,画着交叉的五
色旗和十八星旗,两旗之间还有一朵盛开的大白花。
瓶腹背面有行书题诗和作者落款:"同伴交欢更语喧,
新妆时样共鲜妍。未曾半步裙腰摆,丝柳风吹二月
天。洪步余作。"诗写得平淡,但"新妆时样共鲜妍"
点出了当时新潮女子的风貌。这件有着明确年代、从
内容到艺术表现都别开生面的时装人物画瓷瓶(图
10),展现了一个不可忽视的新的收藏领域。

　　数年后,我在兰州隍庙旧货市场,又买到了一对
绘着仕女演奏手风琴画面的大瓷瓶(图11),也是
1919年制作的。画面上的场景是在西式住宅前的庭

7 推童车图帽筒

丁巳年（1917年、民国六年）

高20、口径12.4、底径12.4厘米

正面左侧，一个推童车的妇女脑后垂
髻，穿蓝色高领琵琶襟窄袖长衫，胸前正中
戴一大红花；下穿绿色线格纹窄腿长裤，露
金莲小脚。竹编摇篮童车中坐着两个幼儿，
车上装有阳伞，车前一孩童背绳拉车。童车
后一女子正朝前指引。一行人正在走过木桥。
后面一座安有百叶窗的西式房屋，墙上装有
带玻璃罩的路灯。

画面右上侧有题记："西方妆美颜如玉，
值得名花次第编。丁巳夏月书于珠山，桐华
居作。"

院中，年轻女子站立着演奏手风琴，一群女子偕同孩
童在围观和倾听。画面上方有"美人颜色古人书"款
题和"夏鼎臣作"署名。瓶腹背面也有题诗和作者款：
"妙手新开色界天，裁云镂月华何妍。此中尽有颜如
玉，抵得名花次第编。己未之春月夏鼎臣作。"瓷瓶
上画的是追求新潮时尚的女子，题诗却散发着霉腐的
气息。想必当时这种画着时装人物的瓷器销路不错，
原先在瓷器上画传统的古装仕女的画师，也改弦易辙
去画新潮女子，并注意描绘各种新时尚，但旧模式还
没有完全跳出，瓷器上的题诗还是老腔旧调。

北京城东南的潘家园旧货市场是民间收藏家的乐
园。对北京的旧货市场我有一种难以割舍的怀旧感，
已成为我童年时代余下的记忆中有兴味的一隅。我五
岁的时候，家住东直门内，我母亲常领我到东单逛地
摊，要走到北新桥去坐有轨电车，在电车一路发出的
"丁零当啷"的响声中到达东单。如今是东单体育场
的那块大场子，在旧北平临解放时是地摊云集的旧货
市场。在踢得起灰尘的土地上，摆着一溜又一溜的旧

8 执伞出游图带系茶壶

戊午年（1918年，民国七年）

高12.5、口径5、底径11.5厘米

一柄撑开的洋式蓝绸伞下，一位结髻女子携一幼童出行游玩。此妇女额前留"满天星"式刘海，身着半高领素色花纹长衫，袖长八分，袖口紧小，下着蓝底黑花百褶长裙，微露三寸金莲。孩童梳双髻，额顶留桃形发。妇女身后一个提着花篮的侍女手举刚刚采撷的一枝鲜花，她乌发后束，身着高领窄袖长衫，网格纹裤。园中山石垂柳，竹篱桃花，一片盎然春意。

背面题款："卫生执柄洋绸伞，护爱花容掩太阳。戊午之夏宜春阁主人。"

9 晴日观鸟图长颈瓶

戊午年（1918年，民国七年）

高58、口径20、底径16.2厘米

缠枝花叶围成的开光内，正中一个盘云髻的女子，身穿元宝翻领锦花长袄，翠色绣花马面裙，胸襟别珠花，一手托鸟笼，另一手牵着一个头戴八角花帽的孩童。栏凳上坐着一个乌髻低垂，着高领衣衫，绣花长裙的妇人。二人左右各两个侍女，均衣着光鲜，右边一个牵拉幼童。身后墙上设有两扇百叶窗。

画面左上题："美色清华。戊午秋月洪步余作。"背面题："天气晴和笑语亲，无端娇妹提笼行。嘤嘤小鸟知春意，仰望青山求友声。"

10 旗下奏琴仕女图大瓶

己未年(1919年、民国八年)

高58、口径20、底径16.2厘米

瓶颈部装蟠螭纹双耳。瓶身画面由花朵缠绕，作椭圆形开光式构图。上方五色旗与十八星旗交叉，双旗下，紫藤缠绕的立柱周围环聚着众多美人。一少妇额前垂团花髻，穿绿色锦绣立领衫，正倚靠在藤榻之上演奏手风琴，周围女子均驻足倾听。椅榻右边立一婢女，梳长辫，着绿色衫裤。空地上，两男孩相嬉而坐，另一眉目清秀的翠衣女子抱柱听琴。左侧两美妇一梳齐垂式刘海，着翻领上衣，胸襟别花，下着紫红色松针纹长裙，身旁站着一个头戴贝雷帽的孩童；另一个梳垂髻，留燕尾式刘海，着湖蓝色锦绣团花高领上衣，墨绿色百褶长裙，怀抱一个婴孩，脚下有一条黑白花的叭儿狗。左侧一紫衣绿裙的美妇梳双团髻，上衣翻元宝领，襟别大花。前一婢女垂团花髻，穿水绿色紧袖上衣，格纹长裤，手牵一个戴虎头帽的小孩。背后画着栏杆粉壁和月洞窗，隐隐透出内庭场景。

画面上方题款："美色清华。己未夏洪步余作。"背面题："同伴交欢更言嚅，新妆时样共鲜妍。未曾半步裙腰摆，丝柳风吹二月天。洪步余作。"

货地摊，印象中那里有旧钟表、旧皮包、旧画报、老瓷器和东洋瓷器，还有说不出名堂的铜饰件和小摆件。这些杂七杂八、五光十色的旧货，在小孩眼里是大人废弃的物件构成的玩具世界。我母亲每次从东单逛地摊回来，总是兴趣盎然地带回一些小艺术品和旧的美术图片，至今家里还留存着一些那时买的老明信片。东单旧货市场在我的记忆中不知为什么总没有褪旧，有时还回味着老北京人念地摊儿的"摊儿"时，慢悠悠地吐出的卷舌音，好像那卷舌音后面还牵着一串古怪的玩意儿。

　　总有十来年的光景，旧货市场从中国消失了。在"文化大革命"中，一切老旧的东西都被看作封、资、修的残渣，家有古物的户主也大多成了余孽。旧货市场当然不允许存在了，就连那收旧货的拉长腔的吆喝声也听不见了。人们耐心地等着，等到当前的明珠发黄的时候，最新最新的东西也有变成旧货的一天。

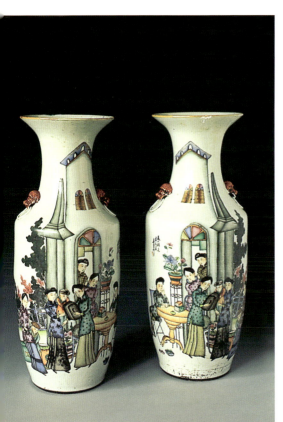

11 仕女奏手风琴图对瓶（2件）
己未年（1919年、民国八年）
高58.3、口径20、底径16.2 厘米
　　两瓶画面内容相同，构图左右相对。画面正中绘一站立着拉手风琴的女子，她身穿湖蓝色大襟上衣，下穿长裙，裙门平，两边打褶，裙下露金莲。身旁一妇人怀抱婴孩，小孩探身向前抚拉手风琴。抱婴女子旁边，一妇女坐于栏凳上，身旁偎依一男孩。拉琴女子身后有一洋房，半开的门中立一听琴女子。洋房楼上设百叶窗，屋外有绿荫和红桃。
　　画面上题："美人颜色古人书。夏鼎臣作。"背面颈部篆书题"摹积古斋原本"。瓶腹题诗："妙手新开色界大，裁云镂月华何妍。此中尽有颜如玉，抵得名花次第编。己未之春月夏鼎臣作。"

　　潘家园旧货市场开设不久时,在北京的朋友和学生就邀我去逛市,没想到这潘家园旧货市场出乎意料的热闹。许多旧货贩子是从外地来的,逢星期天(后来改为双休日)的假日在这里摆地摊。经细问,由河北、河南、山西来的较多,远的有从甘肃、青海过来的,最远的还来自西藏,把全国沾上旧的边儿、像点模样的物品,都一纸箱一纸箱、一麻袋一麻袋地运来了。到这儿逛旧货市场的人,除了北京当地的,许多人是从外地来京的,外国人也不少。我碰到的一个熟人,在美术学院留学的克罗地亚人,她在这里称得上是熟门熟路,常领着一拨外国伙伴挨着摊转悠。各种路数的人摩肩接踵地来这儿闲逛,有挑礼品的、添装潢的、迷收藏的、淘古董的、拣便宜的、置家用的、寻资料的、配零件的、瞧热闹的、学门道的、找乐子

的、过把瘾的。其中也不乏专家学者、行家里手，但也免不了混着些水上漂式的掮客、貌似慈祥的老"托儿"。这个旧货市场包容古今，不分中外，以旧带新，逢低吸纳，高开低走，贵贱皆宜，鱼目混珠，混尘摸珠，守株待兔，兔子啃树。人人都可以在这里一试自己的眼光，撞一下大运，获得发现的快乐，得到将失落重又寻觅的满足。到这里来的人，不分贵贱，不论官民，这里佩服的是眼光和见地，彼此客客气气地在一起走着挤着逛着，就像同是旧文化俱乐部的成员。

我到潘家园旧货市场，不为别的，就是奔着民国时装人物画瓷器而来。在头几年，我每次去潘家园都没有空手而回，最多的一次买到六件，那时算是收藏者逢到的黄金季节吧！潘家园旧货市场中有两三个摊位是专卖民国瓷的，当时民国瓷器卖不出价，还没有人仿造，因此售价也算公道。在这些摊位上有时可买到成对的瓷瓶和盖罐，但价格要比落单的要贵一些。这使我明白了民国时装人物画瓷器大多数是成对组合，也是成双成对出售的。当时主要是卖给城市中迁入新居的宅主和新婚夫妇，一言蔽之是卖给新式家庭

12 戏婴图深腹盖罐

己未年（1919 年，民国八年）

通高 27.5、口径 8.5、底径 13.5 厘米

垂荫树下，立柱旁边，露出半扇门窗。一执帕女子顶梳双髻，纤腰玉手，体态婀娜，身着湖蓝色锦花衣，高领贴颊，绿色长裙上盖黑色团花马面盖饰。另一高挑个头的女子执帕掩口，倚柱而立，身穿紫色圆点纹高立领坎肩，内穿绿色条纹衫，下穿绿色长中裤，腰垂绦带，身边依傍着一个头戴贝雷帽、围披肩、着长袍的男孩。木椅上坐着的一个抱婴女子着滚边绿坎肩，深色条纹衬衣，下穿方格长裤，露条纹丝袜，黑鞋上饰花，怀中的孩童头绷花带，手挥五色旗。

背面题诗："双眉如嫩柳，一面似芙蓉。时己未之夏日，珠山福生林作。"

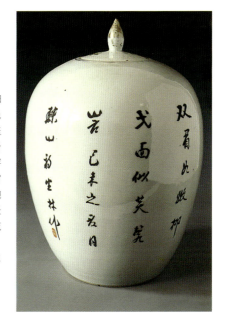

的。五四运动前后的一些新青年，受新文化运动思潮的洗礼，勇于接受新事物，对瓷器上的古装人物画已没有兴趣，而都市中的市民阶层和新青年又是购买力较强的群体，于是时装人物画瓷器应运而生，双双对对进入新式家庭中。在小地摊上搜索出来的蒙满尘埃的肥皂盒、粉盒等小件瓷器，上面画着穿时装的摩登女性。这类小器皿就是当时这些新派人物盛放香皂和化妆品的。时过境迁，昔日的时尚瓷器，至今尚未褪尽引起回忆的香味。

潘家园文物店中货品的价格较贵，但店主一般掌握较多的文物知识，因此卖品的档次也较高。松林阁

13 婴戏合欢图长颈双耳对瓶（2件）

己未年（1919年，民国八年）

高23、口径8.5、底径6.5 厘米

西洋式小楼，黄色百叶窗。楼下一梳云髻的贵妇人手执绿色团花扇半掩面容，身着两侧开襟的紫色圆点纹上衣，窄袖及腕，腕佩环镯。黑色绣花马面裙下露出金莲。左侧两个玩耍的孩童意兴正浓，均穿着绿色衫裤，年纪较大的小孩一手挥洋旗，另一个小孩鼓腮吹喇叭，逗得一个红衫绿裤的小孩禁不住要上前参与，但他被一婢女牵拉住。身后石栏临江，绿荫长天，莺飞燕舞。

背后题款："比玉香尤浓，如花语更□。己未年春月客次洪步余作。"

所作的一套时装人物画瓷器就是从文物店铺中购得的。这套瓷器由一对花觚、一对将军罐、一对盖罐组成。时隔将近八十年，这组瓷器中的每一件都能完好地保存至今，需要三代使用者一以贯之的细心呵护，因此是十分难得的，这也是我收藏到的惟一成套的时装人物画瓷器。

我收集民国时装人物画瓷器，是为了集中保存一种未被大家了解的特殊形态的文化，因此这些瓷器从不藏之秘阁，而是乐为人知，并且得到亲人、朋友和学生的支持和帮助。我妻子孟晓东一直支持这项收藏工作，她在去九寨沟的旅途中，在川北一家小旧货铺中购得一对时装人物画瓷渣斗，上面有"丁巳秋夏鼎臣作"墨书题款，为1917年（民国六年）所作，是我的藏品中年代较早的。在清华大学任教的邱耿钰博士，陆续为我从潘家园收了不少时装人物画瓷器。远

14 聚美图深腹盖罐

己未年（1919年、民国八年）

通高28、口径9、底径14厘米

垂柳依依，卷帘洞窗半开半闭。端坐在方桌前的美妇人梳三股发髻，身穿湖绿色高立领斜襟紧袖上衣，衣领、袖口、下襟均有镶边。下穿黑色绣花裹裙，内穿同色内裙，双手执帕。桌前另一女子垂盘花髻，身着水绿色格纹长衫，两侧衣襟开衩，下穿湖蓝色绣花马面裙，手托灰色西式提包。旁边两女子相傍而立，均穿高领紧袖锦花衫，袖口露一截内夹衫，深色马面裙下露黑布鞋，其中一女子胸襟佩珠花。树下一女侍着翻领素衣，紫色碎花直筒中裤，双手举起一婴孩嬉戏。左边两男孩相互戏耍。身后为圆石砌成的黄色矮墙和青色假山石。

背面题诗"汗漫红妆花带露，云堆绿髻柳拖烟。时属己未之冬月书于昌江松林门阁，洪步余作。"

15 梳妆剪发图深腹盖罐

己未年（1919年，民国八年）

通高28、口径10、底径15厘米

花园内方桌旁，坐着一个年轻女子，身着两侧开衩的湖蓝色绣花长襟上衣，灰绿色及地长褶裙，手执小方镜正在照容。发丝齐整光亮，多绺盘髻的发式梳得精致可爱。案上摆放着精巧的小剪刀，说明女主人刚刚修剪完新式刘海。女主人身后站立两侍女，一个正服侍主人理发，另一个执帕观看。二人均梳顶髻长辫，穿单色素纹长襟上衣，其中一个下着花裤，尖头履。女主人膝下一个剃着三团髻的孩童单腿倚立。画面右侧，一个着立领长衫、蓝色长裙的保姆怀抱婴儿。案上摆着瓶花书籍，后面有一洋式房屋，设有百叶窗，花园长廊起伏，树木葱茏。

罐身题诗："云想衣裳花想容，春风拂槛露华浓。若非群玉山头见，会向瑶台月下逢。时属己未之夏月松月轩写。"

在常州的一位朋友，在新开张的常州旧货市场上，见到一件时装仕女瓷塑壁挂花插，特意买下转给了我。我的一位小朋友，从金华地摊上买了一件画着时装人物的瓷茶壶，为我的这项藏品增添了新的器形样式。

收藏有时靠机遇，但这种机遇只有在不懈追求的瞬间中才能

16 庭院小憩图深腹盖罐（2件）

庚申年（1920年、民国九年）

通高27、口径9、底径14.5 厘米

画面正中，一个女子正在指画着与其他三女子谈天说地，身边一个儿童牵母衣襟。四女子均梳髻，留细碎刘海。正中的女子身着雪青色条纹锦绣高领上衣，暗绿色绣花马面裙。儿童着翻领红马甲，头戴贝雷帽。旁边站着两女子，一梳如云团髻，着绿色高立

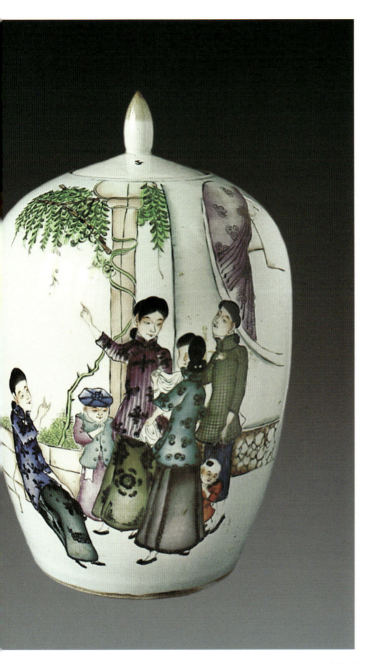

领长袖锦花袄，黑色镶边马面裙，头戴发簪，耳垂珠玉，腕佩环钏，正攫帕倾听；另一似为侍女，穿着朴素的衣裤，手牵一个绿色衣裤小婴孩身上的背带。另侧一个坐在石阶上的妇人着湖蓝色花绣衣，领襟佩白花，下着青色暗花马面裙，露小脚。其余三女子均着翘头鞋。身后立柱爬满藤蔓，白墙上的洞窗透出青幔屋墙。

　　背面题诗："汗湿红妆花带露，云堆绿髻柳拖烟。时属庚申仲夏月书于昌江松林阁，洪步余作。"

捕捉住。我随着一个摄影代表团去甘肃夏河拉卜楞寺，考察每年正月十五日起举小的法事活动。汽车路过临夏东关大街，我注视着从眼前掠过的商店，恍惚见到一家店铺的橱窗中有时装人物画瓷器。在归程中，我与司机商量，在临夏东关小歇，我飞快赶向那家铺中，直向橱窗内看——分明摆着一件时装人物画瓷罐！这条街上的铺子多由回民男子经营，他们头上戴着洁白的小帽，从事旧货古玩行业已有多年，对卖品的价格心中有底数，一般不漫天要价。我未费多大周折就买下了瓷罐。回到车上，细看罐上的妇女人物画，带有几分古雅之气，妇女身穿不露足的长裙，仅此一点即可知道是年代较早的作品。同车有一南京画家，也颇爱此罐，愿出高价要我转让，但这件反反复复寻寻觅觅得来的瓷罐，我铁定不会撒手了。到家后，忙查对瓷罐上的"丙辰"纪年，为1916年所作，是我收集到的有纪年的民国时装人物画瓷器中最早的年款。这件珍贵的瓷罐是由行进的汽车上的一瞥捕捉到的，然而只有有心人才能触发出这会心的一瞥。

17 摘花试妆图小罐

庚申年（1920年，民国九年）
高12.5、口径7.5、底径11.5厘米

画面上两女子摘花试妆，一坐一立，体态婀娜。左边正在插花的女子身着湖蓝色锦绣花衣，暗纹翠绿色七分长裤，露出黄袜黑鞋。右侧的紫衣女子执扇抚鬓，下着中绿色七分长裤，绿袜黑鞋。身后树木花朵相互映衬，分外妖娆。

背面题款："摘花与侬比容貌，何秀娇。庚申秋潘肇唐作。"

18 旗下丽人图大瓶

庚申年（1920年、民国九年）

高42.5、口径17、底径14厘米

大瓶肩部置红色铺首衔环形双耳。画面上旗幡摇曳，正中一个身材高挑的女子执帕掩口，身穿高领紫衣，衣领袖口饰有牙边，下穿翠绿色绣缠枝花朵的马面裙。左侧一女子着高领细花绿袄，玄色条纹七分裤，手提黄色洋包。右侧正在交谈的两个女子均穿斜襟高领圆摆长衫，深色马面裙。后边的妇女领着一个包绿色头巾、着红衣的婴孩。画面左侧，一个男童穿褐色衣裤，翻毛领，头戴贝雷帽，手摇红色小旗，脚下有一条白色叭儿狗相伴。人物背后画着西式柱廊，屋内幔帘轻掩，树根盘错的桌案上摆着兰草、书卷和果蔬茶具，案下摆放着瓷绣墩。

画旁题款："美色清华。庚申年洪步余作。"背面题诗："不爱浓妆巧画眉，天生美质世间稀。春风十里扬州路，看遍朱樯□已非。洪步余作。"

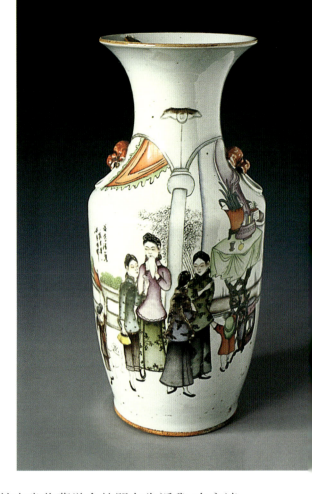

有一位在甘肃省收藏学会的朋友告诉我，在永靖县农村的一户人家，有一对画有时装人物的筒式瓶。在我的恳请和嘱托下，他再次去了永靖农村，往返二百多公里，帮我买到这对筒式瓷瓶，这对筒瓶在我收藏的时装人物画瓷器中，是有确切原藏地点分布位置最西的。由此得知，在民国初期这种时装人物画瓷器曾远销到西北地区的兰州一带。

我收藏的时装人物画瓷器来自五湖四海，西至甘肃、青海，北到北京，南及浙江、江苏。原先这些瓷器产自江西景德镇，从景德镇经水路和陆路销往南北各地，至今还有江西人挑着瓷器担子在甘肃的小城镇售卖。民国年间，生产的时装人物画瓷器数量一定不

19 离别重会醉酒图长颈瓶

庚申年(1920年,民国九年)

高40,口径17.5,底径14厘米

旋脚方桌上杯盏果品交错,西式壁灯下,一挽髻妇人身穿紫色素格高领上衣,手托杯盏端坐桌前。前方一少女双手执帕斜靠椅背,她穿着湖蓝色翻领衣、绿色绣花马面裙。桌前一高髻女子穿翻领大襟翠衣绿裤,牵着一个黄色衣裤的小童。右侧一垂髻妇女着高领条纹衣,胸襟别大花,下着紫花裤,腰间垂绣花丝绦,一手执帕,一手执扇。一个红衣绿围领的小孩正在桌角戏耍,桌下白毛狮子狗憨态可掬。梳垂髻刘海的绿衣妇人双手搂抱着一个婴孩,身后一男童手举五色旗。头顶上悬挂着"万国旗",五色旗夹在当中。

背面题:"美色清华。庚申夏洪步余作。两两三三更语亲,堂前各话旧离情。今朝幸□重相对,天气清和雨中情。洪步余作。"

少,每设计一种时装人物图样,都会用来绘出成批的瓷器。但在20世纪上半叶中,战乱频仍,许多家庭颠沛流离,妻离子散,人且不保,作为身外之物的脆弱瓷器更难得瓦全。经过八十多年的历史变迁,保存至今的时装人物画瓷器,恐怕不及当时生产的千分之一。虽然时装人物画瓷器在经济价值上远不能和官窑瓷器相比,但我收藏这类瓷器着眼于图像中反映出的民国早期特有的时尚习俗。每个人一辈子在生活中用过数不清的物品,但大多数物品不具备保存价值,最终弃入历史遗下的垃圾堆中,惟有反映时代文化的物品才能存作纪念。什么是文物? 文物就是文化遗存,那些文化价值很高的物品被称作文物。作为收藏者的先决条件不是腰缠万贯, 首先要具有较高的文化素养,并且在收藏过程中, 由于研究藏品而提高了自己的文化素养,许多知名的收藏家就是在收藏的实践中获得真知的。先人创造文物,后人又收藏文物。反过来,文物又点化人、滋养人。

二、平民化的民国新粉彩瓷器

自唐、宋以来,就有了专门为宫廷生产的精致的瓷器。到明代初期,在江西景德镇设置了御窑厂,专门制作精美的瓷器,供王公贵族等少数人享用。同时,还制作专用于观赏摆设的瓷器。平民百姓用的瓷器由民窑生产,多是用于日常生活的粗瓷。明清的官窑瓷器由于制作技艺精湛,受到收藏家的青睐。

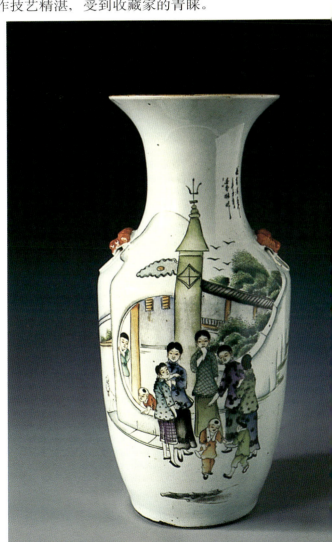

20 廊前美色图长颈瓶

辛酉年(1921年,民国十年)

高43、口径17.5、底径14厘米

回廊尖塔之前,众美人倾心交谈。中间一女子着素纹镶边长衫、绿色长裙,佩珠环。左右三妇人皆垂髻,穿阔袖圆摆锦绣上衣、绣花褶裙。左边侍女着裤装,梳长辫,厅前两童拉扯戏耍,其中一个手持喇叭。长廊圆洞门前,两小孩正在捉迷藏,旁边叭儿狗相伴。

颈部题:"美色清华。辛酉年洪步余作。"背面题诗:"不爱浓妆巧画眉,天生美质世间稀。春风十里扬州路,看遍朱檐□已非。洪步余作。"

清代乾隆以后，封建王朝日渐没落，景德镇官窑也步入衰败。至咸丰时，官窑一蹶不振，只局限于为宫内生产婚礼等用途的陈设品和日用品。民窑受到官窑影响，也生产用作观赏摆设的瓷器，在婚嫁时送成套嫁妆瓷器的风气也流行起来。到同治年间，粉彩嫁妆瓷大量出产，成为平民家桌案上的摆设品。

清王朝的覆灭促使景德镇官窑寿终正寝，代之而起的是企业化的瓷业公司，由瓷器作坊的小手工业生产，转换为工厂大规模的机械化生产，成批量地生产着民用瓷，瓷器进入了平民化的时代。

民国瓷器以机器制坯成形，造型规范化，外形变得简洁，器物种类和样式比先前减少。自1916年至1928年间，民国时装人物画瓷器上绘的服装式样起了明显的变化，然而瓷器的器形却变化不大。民国粉彩时装人物画瓷器，主要是作为婚礼嫁妆和庆贺喜迁新居的陈设品，成双成对地配套摆放。常见的组合样式是中间置放一对器形高大庄重的双耳瓶，这种双耳大瓶是从清代瓷器观音尊演变而来的，瓶高在60厘米左右，根据瓷工制坯所用瓷泥数计算器型大小，这类尺寸的大瓶被称作"三百件"。这种大瓶常用来插放红、绿鸡毛掸，因此也被称作掸瓶。民国时期的双耳大瓷瓶，一般口径略大于底径，腹部近于圆筒形。在瓶颈靠下处设有双耳，器耳的样式有衔环兽首耳、如意云耳、夔凤耳、螭耳等，耳上涂以朱色（图1、3）。也有置一对器形较小的观音瓶，一般口径略

21 旗下丽人图长颈对瓶（2件）

辛酉年（1921年，民国十年）

高43、口径17.5、底径14厘米

西式柱廊前旌幡飘扬，厅堂前一蓝衣高髻女子持帕掩口而立，下穿黑色绣花马面裙，正在和一个绿衣紫裤，手提橘黄色洋包的女子谈话。旁边一个头戴贝雷帽，着翻领橘黄衣衫的孩童手挥小旗。另一侧，两个女子均着锦绣花衣，深色马面裙，正在亲切攀谈，其中一女子领着一个红衣小童。

左侧题："美色清华。辛酉春洪步余作。"背面题诗："不爱浓妆巧画眉，天生丽质世间稀。春风十里扬州路，看遍朱楼〔已〕非。洪步余作。"

小于底径，腹部比大瓶短矮（图3、4）。大部分的瓶口外撇，也有少量为洗口。有的在大瓶两旁各置一件撇口、高颈、底部呈喇叭状的花觚。花觚是仿照青铜器或珐琅器而作的瓷器，最初出现于明代早期，作为瓷器的传统品种，一直延续到民国。民国的瓷花觚各部分的分界不明显，器身上下浑然一体。斗瓶是小型的瓷瓶，斗瓶样式产生于明早期，为陈设瓷，置于成组摆设的瓷器的两边（图10）。

　　盖罐是民国时装人物画瓷器的主要器形之一，常见的是将军盖罐，因盖似古代将军盔帽而得名。将军罐最早出现于明代晚期，到清代初期基本定型。起初多为佛教僧侣盛放骨灰的器皿，民国时期的瓷将军罐已演变为放置茶叶等物品的容器（图26）。还有一种深腹的盖罐，下腹不内收，钮盖严密地合在盖罐的敛口中（图2）。

　　瓷帽筒是民国陈设瓷器中常见的器物，也是成对地配置。帽筒呈长圆柱形,这种器具始见于清代嘉庆年间, 为流行于民间的摆设瓷器。

自1916年至1928年这十多年间,瓷器画面上人物的服装样式起了明显的变化,然而瓷器的器形却变化不大。在这些成对的瓷器上,常描绘着图像相同但左右反向的时装人物画,就像镜子中折射出的相向的图像。图像双双对应地配置的形式,常见于中国民间剪纸中, 是传统艺术寓意和合的富有特色的表现手法。

镶于木挂屏上的各式彩画瓷片是专用于厅堂悬挂陈设的,绘有时装人物画的瓷片都较小,瓷片的形状

---

23 玉容和韵肥皂盒

约1921年

通高5、长10.5、宽8厘米

长方形皂盒。盒盖上十字绳结形钮。盖面绘一女子托颈偃卧于床榻之上,手执白绢帕,头倚方枕;身着蓝地黑色绣花小圆领翻领斜襟上衣,小宽袖及腕;下着黑色印花长裤,黑色小鞋。身后配有开片瓷筒和红绿果实。盒盖题款"行之一法"。盒身两侧绘有花卉,另两侧分别有"玉容""和韵"四字,盒内有六个防滑的乳丁凸。

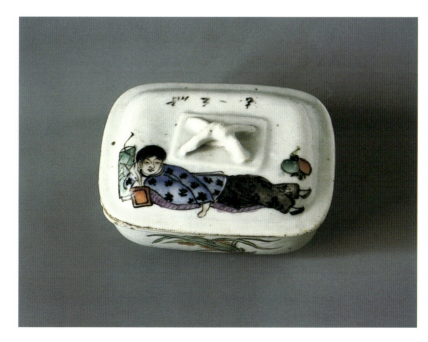

24 妇孺合欢图盖罐

约1921年

通高27、口径0、底径3.5厘米

西式庭院门前，一持帕妇女穿锦花绿衫，黑色马面裙，与一携童的垂髫妇女在谈话。后者身后，一个头戴贝雷帽的孩童穿小翻领绿衣，手执五色旗。两个婢女均梳高髻，一个抱婴孩，另一个身后有一戴贝雷帽穿中式红衣的孩童，牵着一条白色哈巴狗。

背面题款："玉人如花月，美色正清华。书于珠山昌江客次张荣明作。"

有八角形、叶形、菱花形等。一般只画一人，最多的画三人。有成对的时装人物画菱花形瓷片，各画左右相对坐在石凳上的拈花女子。有一桃叶形瓷片绘一拈花时装女子，还有"利生工厂"的题款，可能是景德镇的瓷厂生产的产品。

绘时装人物画的瓷器也有专供实用的，如茶壶和小杯。这些小件的瓷器画得精致雅丽。在一件小瓷杯上，画着头梳短发、身穿低领淡青色黑花小袄的女子，倚坐在假山石前。采用以线描勾勒、敷以淡彩的画法，别具一格。瓷杯背面的墨书题款，标明是天津德庆仁出品，显示出北派瓷器人物画仍然继承着以线描为主的传统技法，与景德镇瓷器上的时装人物画着重色彩渲染的南派风格交相辉映（图56），这也表明了时装人物画瓷器的生产由南方扩展到北方。

肥皂盒和粉盒是清末民初新出现的瓷器品类，当时塑料制品还没有产生，多用瓷器作为化妆品和卫生用品的小件容器。在民国早期，香皂、药皂、牙粉、牙膏、雪花膏等美容和卫生用品都由洋货主宰。五四运动以后，民族工商界号召民众抵制日货，提倡国货，并以国产的绿宝香皂和固本药皂取代洋货，自然也会用绘有时装人物画的肥皂盒作容器。在瓷肥皂盒和粉盒上绘制时装人物，成为民国早期特有的现象（图6、23）。

有时装人物塑像的瓷花插是较晚出现的，这种瓷塑花插可以挂在墙上作装饰品（图61、62）。瓷塑花插的样式可能受到西洋的影响。这类实用工艺品以瓷质洁白、色彩艳丽而受到市民的喜爱，可以算作民国时装人物画瓷器的另类。

民国瓷器的胎质坚硬洁白，造型规整，釉面莹白而光润。瓷器上的时装人物图像多以鲜艳的粉彩绘成，有着多层次的浓淡变化，透出现代绘画的气息，被称作新粉彩瓷画。少量瓷器上的时装人物画是用浅绛法画成的，以细墨线勾画出人物和景物的形象，具有精细典雅的风格。但兴起于同治、光绪年间的浅绛

25 桃花美女图叶形瓷饰片

约1921年

高13、宽10厘米

瓷饰片上，着翠衣的女子立于桃花园中，手执花枝。穿斜襟圆摆上衣，袖口盈尺及肘。下装为酱色及膝宽管中裤，白色长袜，着翠绿色云头鞋。脑后挽髻，前有垂丝式刘海。画面左上方题"利生工厂"四字。

法瓷画，在民国早期以后，被新粉彩瓷画代替。

在连年的内战和日本侵华战争的烽火硝烟中，交通受阻，市井冷落，景德镇瓷业沦入衰败凋敝的境地，时装人物画瓷器也随之消亡。大约从中华民国成立后的1912年到1930年间，时装人物画瓷器从产生到衰亡只有不到二十年的时间。

我所收集到的藏品中，绘制时装人物画瓷器的画家有洪步余（亦用"松林阁"署名）、夏鼎臣、余钊、潘肇唐、毛子荣、周福兴、张荣明、张荣顺、金永祥、余华生、汪释兴、樊漆和、程玉新、余源兴、徐祥兴、周筱松等人。所署斋号堂名有：松林阁、西轩、珠山轩、长春林、长春阁、桐华居、祥兴茂、永发祥、益友斋、松月轩、德庆仁等，还有利生工厂的落款。可见当时在景德镇曾出现了一个专门绘制时装人物画瓷器的画家群体，而且形成了一定的生产规模。因此时装人物画瓷器不是偶而为之的产品，而是广受新兴市民阶层欢迎的长期生产的新瓷品种。

中国陶瓷有着近万年的历史，在彩陶上曾画下氏族人物的舞姿身影，汉代彩绘陶仓上描绘过农民交租的情景。唐、宋瓷器虽然兴盛，但在瓷器上却鲜见生活中的人物图像。明代的瓷器上渐有了人物画，用粗简的笔法描绘着戏曲人物和隐逸高士。一直到清代晚期，古装的仕女和神仙始终是瓷器人物画中的主角。纵观中国陶瓷人物画的发展过程，无论从内容题材还是绘画技法，民国早期瓷器上的时装人物画，都将中国瓷绘艺术中的人物画推向了新的高峰。在悠久的中国陶瓷史上，民国时装人物画瓷器虽然只是昙花一现，但却标志着中国现代瓷器艺术的开始。

三、想起了民国初期的上海滩

把玩着一件件时装人物画瓷器，我仿佛猛然回到了民国初期的上海滩。开埠初期人们精神上的躁动，新文化带来的兴奋，高楼洋房造就的全新环境，酒绿灯红勾勒的畸形繁华，骤然从瓷瓶上跳将出来；形形

26 嬉子共乐图深腹小盖罐

辛酉年（1921年，民国十年）

通高14、口径8.5、底径13厘米

罐身绘两妇女携子同乐的场面。着蓝色高领斜襟上衣、黑色暗花裙的妇人坐在桌前凳上，一个头戴黄色贝雷帽、着绿色洋装的儿童依偎在妇人膝上，一手还牵拉着身穿桃红色元宝翻领夹衣的另一个妇人，此妇人一手执五色旗，一手领着一个留桃形刘海的婴孩。左侧一个头戴军帽、着草绿色军装的儿童正在吹号，身后几案花香茶香伴书香，其乐融融。

背面题款："比玉香犹浓，如金韵更真。辛酉初春月洪步余作。"

27 合欢戏子图对罐（2件）

约1921年

高28、口径8.5、底径14厘米

垂柳依依，青竹摇曳。石栏庭院之中，几位女子围着一个婴儿嬉乐欢笑。红衣女子坐在瓷凳上牵拉着小孩的手；蓝色圆摆上衣、翠色百褶裙的女子拈花执帕，微笑而立，垂挂如柳丝的刘海愈显清秀。一绿衣女子梳两股发髻，下穿桃色马面裙，边上一个穿绿色条纹衣素裙的妇人相视而笑。

背面题："琴书千古韵，美色正清华。仿六如主人之书于珠山客次，祥兴茂作。"

色色的新旧女性，从画面里跃然而出……

　　在很长一段时间里，很少有人提起民国初期的老上海，就连那时候生活在上海滩的新潮人物，恐怕也被遗忘殆尽了。到了20世纪末，走到新起跑点的中国人，仿佛忽然来了一股精神，回顾百年往事，查证前因后果，以求温故知新，于是形成了怀旧的热潮。那些泛黄的老照片，从压在箱底的故物中翻找出来，经过有心人的编辑整理，一集又一集地接续出版；各种百年回忆录、钩沉集，一套复一套地印刷发行。百年孤独的老建筑终于有人光顾，纷纷掸落陈年的积埃；素来清寂的古镇，一朝飚升为旅游的热点。画家笔下身穿晚清新装的奏乐女伎的画作，在拍卖会高拍高走；连20世纪二三十年代画着摩登女郎的月份牌，也成为世纪末收藏者的热门藏品。民国初期的传记故事被一出接一出地演绎成电影和电视剧；无数镜头一下子把沸沸扬扬的民国初期场景，拉到了我们的眼前。

历史犹如电影画面，瓷瓶上身着时装的女性纷纷朝我们走来。我豁然发现，在那个被淡漠的时代里，就是换一个发式，改一套衣样，竟会引来那么多的恩恩怨怨。但是那时的照相术远未普及，拍照留影这等时髦事体，一般老百姓不敢问津。民国初期留存的穿时装的人物照片已很稀有，其中不少是当时名妓的存照。她们的时装虽然在上海滩曾风靡一时，现已奉为

28 树下美人图深腹盖罐

约 1921 年

通高 27.5、口径 9、底径 13.5 厘米

绿荫之下，书斋洞窗前，一个梳两股发髻、着绿色矮立领锦花上衣、绣花黑色马面裙的女子，右手执方形洋包，左手托巾。身后的女子执帕着红衫，下穿绿长裙。庭院中两孩童嬉戏，其中一个手持五色旗。右边的女子穿蓝色锦花衣，黑色长裙，一手执帕，一手拎弯把长柄伞。左边一个绿衣翠裙的女子坐在凳上，手里托着一个圆球。

背面题："玉人如花月，美色正清华。书于珠山昌江客次，张荣顺作。"

早期时装的经典样品，但其数量只是凤毛麟角。研究中国服装史的专家费心四处搜罗，但民国初期的时装形象资料仍然缺乏，因此不免深为遗憾。

偶然间我意识到，我的这些民国粉彩时装人物画瓷器，不正是这片空白中，一束隐约可见的小花吗？将它们按照历史发展的进程排列起来，这段服装史甚至民俗史、文化史、社会发展史的缺环，不正可以严丝合缝地连贯起来了吗？

四、民国瓷画上摩登女性的世界

民国瓷器上画的时装人物，基本上都是女性。对画面中那些穿时装的女子，本想冠以"新潮女性"的美称，但仔细一想，那些住在花园洋房里的淑女们，就是往高里抬举，顶多是在新的文化浪潮中追逐时尚的人，因此姑且采用当时流行的一个英文词 modern 的译音，称作"摩登"，呼她们为"摩登女性"。

在中国瓷器上画穿着时装的摩登女性，在历史上是破天荒的新鲜之举。中国古代卷轴绘画有一个很奇怪的文化现象，很少表现家庭生活，更少画现实生活中的家庭妇女。封建礼教像紧缚粽子一样将人性紧紧捆住，妇女在大庭广众中不能抛头露面，连笑也要掩口，不能露齿，家庭的亲情同样被扭曲变形。明、清的人物画本来不多，人物画中的主角多是孤芳自赏的文人隐士。其实这些人都是一些失意者，自我表现成超凡脱俗的样子。在商人云集的上海，出现了改琦、

费丹旭这样以画什女著称的画家，世俗气息浓厚的商人成为仕女画的主要买主。清代嘉庆、道光期间，江浙画家开始画置于现实景物中的妇女肖像，如改琦为举人顾骥的夫人张孺人画《对镜梳妆图》，费丹旭为碧声山馆兰秋女士画的《教子读书图》，可以说开启了描绘现实生活中妇女形象的先河。从民国瓷器最早出现的时装女性画中，不难看出受到清代晚期仕女画的题材和技法方面的影响。

清代末年，画家吴友如在上海主笔的《点石斋画报》、《飞影阁画报》，"写风俗时事，图画入妙，风行一时"。在1898年至1918年间，还有《时事插图》、《民呼画报》、《世界画报》、《女学生》、《妇女时报》、《女子杂志》、《妇女生活》、《女子世界》等多种介绍

29 教子图六边形瓷饰片

约1922年

高12、宽14厘米

堂前廊下，一个梳高髻、留燕尾式刘海的妇女，身着领襟绣花的棕色斜襟立领上衣，红色印花长裤，手戴镯钏，一手执帕，一手握书卷。左侧立有两儿童，一个捧读书卷，另一个怀抱琴囊，两童均着中式衣裤。

时尚服饰的报刊杂志。不断传播的新款服装令新女性心驰神往，市民阶层孕育着新的审美观念和追求，以上海为中心的世俗美术随之兴起，追逐时髦渐成沿海城市市民的风气，摩登人物在时代大舞台上登场已是呼之欲出了。

中华民国自成立起就一直不平静。1912年1月，中华民国成立，推翻了清政府。同年3月，袁世凯窃取政权。1915年9月，陈独秀创办《青年杂志》，第二卷起改名为《新青年》，成为新文化运动的发端。同年12月，袁世凯推翻民国，恢复帝制。蔡锷在云南发动起义，各地纷纷响应。1916年3月，袁世凯被迫宣布撤消帝制。同年6月，袁世凯在世人的唾骂声中死去。

1916年是阴历的丙辰年，时值民国五年。在我收集的民国时装人物画瓷器中，题款纪年最早的是两件"丙辰年夏月"所作的罐和瓶，恰好是袁世凯死去之时，这看起来似属巧合，但一死一生，两者有着因果关系：帝制气数已尽，新潮应运而生。

目前我还没有发现比丙辰年（1916年）更早的有纪年的时装人物画瓷器。但有一件没有纪年款的瓷器，从所绘图像中的服饰陈设来看，年代要比有丙辰年题款的瓷器略早一些。这件瓷瓶上画的两位妇女，

---

30 嬉子合欢图深腹盖罐

壬戌年（1922年、民国十一年）

通高28.5、口径9.5、底径13.5厘米

三位靓妆华服的妇人携三幼童在廊间相嬉游玩，一侍女紧随其侧。左边两妇人脑后挽发髻，前留燕尾式刘海。其一着绿色碎花中领上衣，红底黑花八分裤，手执白色绢帕；另一个着蓝色条纹中领上衣，黑色压花打褶马面长裙，抱一红衣白裤扎桃髻的幼童，幼童手握拨浪鼓。右侧一妇人梳西洋式三朵发髻，前留细小刘海，身穿紫底大宝相花中领中袖上衣，绿色回纹打褶长裙。前侧侍女梳马尾辫，扎黑色蝴蝶结，身着黑色小芥中领上衣，水绿色中裤，微露腰带。女子们皆着尖头布鞋。两幼童一个持五色旗，头戴黑底网格贝雷帽，着绿衣紫裤，围紫色围纱，绿色小鞋；另一个手持喇叭，用劲鼓吹，结双髻，身穿蓝立领赭红色上衣，蓝色中裤，脚登小红鞋。背后洋楼耸立，百叶窗掩映在红花之间。

背面题款："玉人如花月，美色正清华。时属壬戌秋月昌江之客画，永发祥作。"

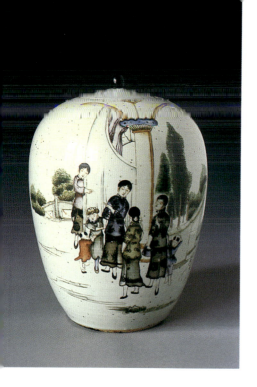

发髻低平、宽鬓长垂，身穿高领紧身长袄，这种女装的样式可能受自日本的影响，在民国初期十分流行，有"文明新装"之称。妇女的身后画着高高的院墙，使围陷的院落像口深深的大井，对院落中的女性设下与外界不可逾越的隔断。图上的两位妇女和三位少年的姿势都较呆板，像端出个架式板起面孔来照相的样子。除了三位少年，还画着两个男婴。年纪稍长的少年手中持有书卷，俨然是读书郎的模样（图5）。瓷瓶背面题七言诗二句，还有题款"于珠山客次胡椿泰作"。珠山在景德镇，由此可知这是江西景德镇烧造的时装人物画瓷器。

有丙辰年题记的两件时装人物画瓷器，开始摆脱了木板刻印画式的板滞作风，展现出活泼灵动的新画风。一件是瓷瓶，在瓶腹上画着一位穿文明新装的淑女，伫立在绿蕉红桃之前，色调亮丽，略微使用晕染的技法，像一幅色彩透明的水彩画，可能吸收了西洋画的画法（图1）。另一件是敛口盖罐，罐身画着抱孩携幼的三位女子，场景是在洋房的门前。牵住妇女衣

32 仕女游春图帽筒（2件）

壬戌年（1922年，民国十一年）

高27.3、口径12、底径11.6 厘米

两件帽筒上分绘画面相对的仕女携子游春图。庭院内，花园中，绿树桃花相映。一个抱婴孩的女子，穿着露臂的蓝色花衣和至膝的短裤。身后两女子一低头赏花，一举帕掩口，脚边叭儿狗相随。另一婢女用绳牵拉着一个淘气的小孩。

画面上侧各题："美色清华。壬戌夏长春阁书于昌江。"

下襟的小孩，头戴扁平的贝雷帽，身穿蓝色毛线衣，这些方面已显出西洋的派头。画妇女的绸缎衣裳是用淡墨烘染出明暗，用细线条勾勒出衣上的花纹，色调淡雅素静，改变了以前瓷器仕女图惯用的鲜艳浓重的色彩（图2）。瓷罐背后有题诗，并有题记："时属丙辰之夏月书于昌江松林阁，洪步余写。"洪步余是民国时装人物画瓷器作者中最值得注意的一位，他不仅是最早在瓷器上绘时装人物的作者之一，而且以后始

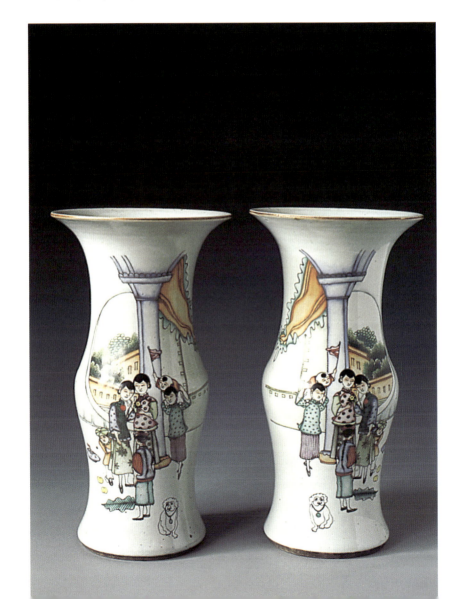

终是时装人物画瓷器的主要作者，在五四运动前后，他画了一些反映新女性生活的重要作品。一直到1928年，他仍然在绘制，可以称作民国时装人物画瓷器的代表画家。

自1917年至1920年，随着新文化运动广泛深入地展开，瓷器上的时装人物画，出现了许多表现现实生活的新题材。由景德镇珠山桐华居制作的一对推童车图瓷帽筒，有丁巳年（1917年）题款，帽筒正面绘一妇女推着带有阳伞的三轮藤编童车，车中对坐着两个小孩，车前还有一少年背绳拉车。背景是一座有百叶窗和路灯的洋房。原先清朝的上层妇女只能深守闺房，出行时也只能乘坐门帘严密的车轿。民国初期，风气一变，图中的女主人走出重重门户的深宅，胸佩鲜花，穿着紧身长袄和格纹长裤，手推童车在街上慢慢地行走出游，在当时这一定是十分新鲜而风光的事情，因此作为时髦的事情被及时地描绘在瓷器上（图7）。女眷们在夏日里打着洋伞结伴出游也是很体面的时尚，画师余钊在丁巳年夏天，即时应景在一对瓷瓶上画《执伞夏归图》，描绘着妇女们身着色彩艳丽、花团锦簇的盛装，手持黑绸洋伞，挎着小巧坤包，漫步在绿柳红栏之间。款款丽人行，走出了常居深闺人不识的樊篱。余钊还在瓷瓶背后题诗："卫生执柄洋绸伞，护爱花容掩太阳。"诗写得近于直白，但对时尚的追求跃然可见（图3）。

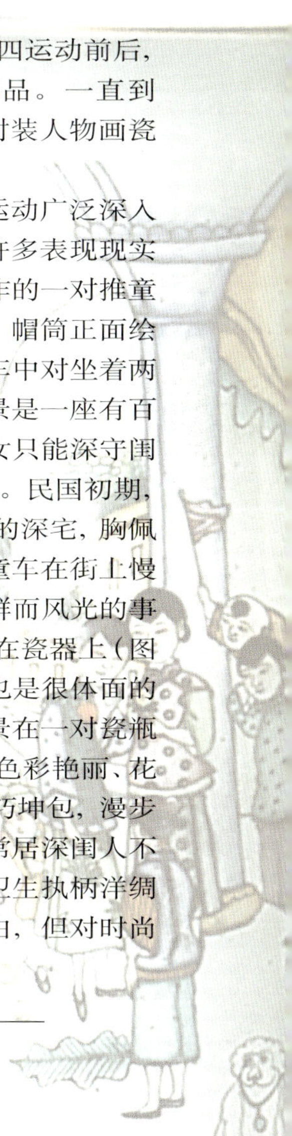

---

33 携子游归图鼓腹长身对瓶（2件）

约1922年

高33、口径17.5、底径12.5 厘米

两女子一拈花、一执帕，相偎而立，均穿矮立领锦缎圆摆马甲，露出鲜色夹衣，袖管宽松盈阔及肘；一着菊花百褶裙，一着黑色绣花马面裙。头戴绿色贝雷帽的孩童正从绿衣女子身后探身张望。左侧一侍女着朴素的衣裤，背上一个红衣婴孩正在戏耍小旗。前另一束发扎巾的长辫侍女背身而立，脚边蹲着一条白色叭儿狗。明亮的廊厅桌上散落着果子、芭蕉及水盂等器皿，头顶旗幡飘荡。西式洞门柱墙隐现出园外的绿树。

背面题："美色清华不计年之阁。仿六如之法松林阁作。"

　　同是丁巳年所作的时装人物画瓷器，还有一对渣斗瓶和一只粉盒，上面画的女子都梳着燕尾式前刘海的发型，这是大约在民国初年青年女子流行的发式，将分成两股的额发修剪成燕尾的样式，可以由两边的头发遮掉一点额头，这也算是当时的一种发型设计（图4、6）。古代的发型有过一个奇特的现象，在女人当朝执政时都流行高髻，远的如武则天当女皇的时候，贵妇人总是嫌发髻还不够高，还要戴上高高的假发。近的在慈禧太后主政时，喜梳高髻。记得小时候曾看过一部叫《清宫秘史》的电影，片中描写太监李莲英给慈禧太后梳头，慈禧问李莲英："小李子，今儿个给老佛爷梳什么头呀？"李莲英忙用地道的京腔

---

34 庭院合欢图深腹盖罐（2件）

壬戌年（1922年，民国十一年）

通高32.3、口径9.3、底径14.5厘米

花园廊柱前一群妇女携子游戏，她们短发新装，玉腕微露，中立者执帕掩口，身穿暗花罗衣。另三位年轻女子皆穿露足马面裙。她们正在逗弄一个侍女抱着的婴孩。侍女脑后梳圆髻，穿挽腿裤。一女童头扎蝴蝶结，高举小红旗，与一幼童戏耍。前立的年轻女子手牵的男孩，左手高举棒糖。月洞门中假山花园，绿草荫荫。粉墙之上半掩着百叶窗。

背面题诗："汗湿红妆花带露，云堆绿髻柳拖烟。时属壬戌之春月书于昌江松林阁，洪步余作。"

　　答道:"丹凤朝阳。"说话间,他忙将梳落的慈禧的头发藏入袖内。当然每一个时期流行高髻有许多方面的原因,但其中的一条原因是要抬起女人身架的高度,愈是在男女不平等的社会里,女人在当政以后,愈要设法使自己高人一头。于是自清代同治年间慈禧当政后,满族妇女的发髻不断增高,这也影响到汉族妇女,她们的发髻不甘示低,此风延续到民国初期。

　　五四运动前后,景德镇的画家们也在瓷器上创作绘制出许多优秀的时装人物画。洪步余这位名不见经传的画家，尤善于在瓷器上绘制时装摩登女性的风俗画。在戊午年（1918年），他在一件大瓷瓶上画着群女子正在观赏笼鸟的情景，围观的人群中立有一个年轻女子，手中托举着精致的椭圆形鸟笼。从笼中鸟的黑色身影来看，应是一只善于弄舌的八哥，描写了富家妇女逗八哥说人话的闲情逸致。画面四周为缠满花叶的波折形边框，这种花边的样式常见于欧洲罗可可式艺术的装饰中，在18世纪的欧洲瓷器上能够见到这种样式的花边（图9）。可以看出洪步余等绘制时装人物的画家不囿于成法，在艺术趣味上追求时尚，同时还吸收了一些西洋文化，这也可以算作一种爱屋及乌的表现。

洪步余在己未年（1919年）夏天，绘制了旗下奏琴仕女图如意云耳撇口大瓶，就是那件在"文化大革命"时用红漆掩盖的瓷瓶。这件瓷瓶较大，高58厘米。画面外廓也是用缠枝花卉

35 拈花携童图长颈瓶

壬戌年（1922年、民国十一年）

高22.5、口径8、底径7厘米

花园洋楼之前，一挽髻女子身穿湖蓝色绣花矮立领圆摆宽袖上衣，下着绣花黑色马面裙，一手拈紫菊花，一手携一个头束带、着和尚领装的男孩。

背面题款："国色何须脂粉加，天然素质静无瑕。壬戌之春月金永祥作。"

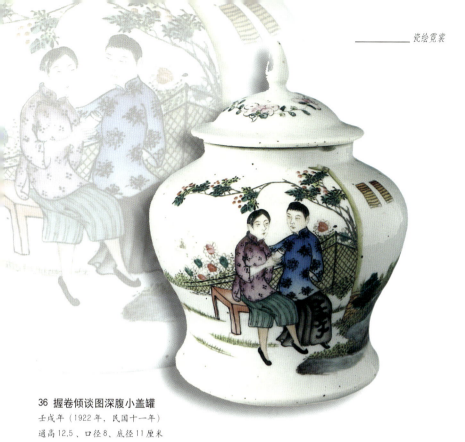

36 握卷倾谈图深腹小盖罐

壬戌年（1922年，民国十一年）

通高12.5、口径8、底径11厘米

春天的花园里，两女子在屋后树下促膝谈心。左边女子着桃红底梅花矮立领中袖上衣，绿色条纹宽管中裤，黑鞋，双手执卷。另一女子相傍而坐，着宝蓝色绣花上衣，黑色绣花马面裙，露小脚。园中草木蓊郁，鲜花朵朵，假山竹篱环绕。

背面题款："美人韵色古人书。壬戌秋夏鼎臣作。"

围成波折形花边。画面以屋外廊柱边演奏手风琴的女子为中心，围观的妇女儿童众多，共有十二人，人物的组合有着疏密起伏、俯仰向背的变化，墨色与艳彩配置相宜，画面中虽有鲜亮的色彩，但又不失雅致（图10）。

夏鼎臣也是最早从事制作时装人物画瓷器的画家之一，留存的作品有丁巳年（1917年）绘制的时装人物渣斗瓶。同样在己未年夏月，夏鼎臣在瓷瓶上绘制了另一种样式的《仕女奏手风琴图》，画在一对高58.3厘米的夔凤耳大瓷瓶上，对瓶上的画面相同，但图像左右方向相对。画面中一位年轻女子站着拉手风琴，这就平添了几分英气，有一种卓然独立的风姿。但是在那长垂的马面裙下，露出了属于过去时代的纤细金莲。拉琴女子的身后，有一个坐在西式折叠椅上的妇女，斜倚在西式三足木圆桌上，右手拿着线装书，桌上还放着两函线装书，表现出民国初期新旧文化交替、中西文化交错的特殊现象（图11）。

还是在己未年夏月，由松月轩出品的深腹瓷盖罐上绘制了梳妆剪发图，表现了妇女剪发的新风尚。画中一女子坐在方桌前的藤椅上，刚剪完头发，将有着蝶须状柄的铁剪置于桌面，手执玻璃小方镜，正在细看剪过的头发样式。她身后立着两位女子，在一旁观赏评点。新剪的发型是变化了的前刘海式，顺着额头分开地飘下两缕轻盈的鬓发，显得活泼俏丽。画中女子的衣领已开始放低，衣袖也微向上收，露出一截臂腕。将身体裹得密不透风的旧衣制，再也束缚不住走向现代生活的新女性了（图15）。

同年夏月，福生林在深腹瓷盖罐上绘制了《戏婴图》。《戏婴图》是中国绘画的传统题材，但民国时装人物画瓷器上的戏婴图，反映出鲜明的时代风貌，背景是有着水泥大柱子的洋宅，百叶窗顶的半圆形窗格中，五色玻璃闪烁着扑朔迷离的彩光。孩子的打扮是率先时髦起来的，大些的一个头上戴着扁平的贝雷帽，青年女子怀抱的婴孩手中摇着五色旗，在孩子的身上寄托着中国富强的希望（图12）。

洪步余在庚申年（1920年）绘制的时装人物画瓷器，在绘画技术上趋于成熟，如深腹盖罐上的《庭院小憩图》，摆脱了惯用的一群人围绕正中主角的构图模式。注意人物姿态直与斜的对比和相互间的顾盼呼应，而且在构图上讲究疏密开合的变化（图16）。

潘肇唐在庚申年绘制的摘花试妆图盖罐别具一格，生动地描绘了两个年轻女子在头上插花妆扮，相互比看容貌的富有情趣的情节，具有吴地的民间艺术气息（图17）。

37 抱婴仕女图深腹对罐（2件）

壬戌年（1922年、民国十一年）

高12、口径7.5、底径10厘米

书斋洞窗前，一贵妇梳双髻，刘海细密，身穿墨绿色黑花高领夹衫，紧口袖及肘腕，露白色内衫，怀抱着红衫黄帽的婴孩。身后站立一身着绛紫细格元宝翻领上衣的女子，胸襟别白色大花，旁边一女侍身穿锦花绿色衫裤，高立领，衣袖紧窄及肘露小臂，正俯身照顾一个着黄衫裤梳髻的孩童，两孩童顾盼呼应，相互嬉戏。旁边有白色狮子狗相伴。

背面题款："云堆绿髻柳拖烟。壬戌年冬月洪步余作。"

　　五四运动前后制作的这些时装人物画瓷器，不仅数量多，而且绘制精致。从绘画题材的推陈出新、大幅画面的鸿篇巨制、色彩的丰富变化等方面来看，时装人物画瓷器的发展进入了盛期，奠定了时装人物画瓷器这一艺术瓷新品种的地位。

　　这个时期，时装人物画瓷器的兴起与新文化运动的发展紧密相关。由于新文化运动对旧礼教的深入批判，新一代的知识青年冲破封建习俗的束缚，瓷器上原先画的古装神佛仙道、高士仕女等旧题材，已经不再受新主顾的青睐。为了满足追求时尚的新一代顾客

38 暑日游归图深腹盖罐（2件）

癸亥年（1923年、民国十二年）

通高34、口径9.8、底径13.2 厘米

亭堂檐廊外，两位女子携四童出游归来。其中身穿宝蓝色团花衫和黑色马面裙的女子，正收拢手中的长柄阳伞。她身旁的女子正用手帕擦汗，上衣是同式样的高领紫色团花衫，下穿翠绿色绣花马面裙。身旁绿衫红裤的小女儿撒娇地拽着妈妈的衣角。两妇人后面还跟着一年纪稍大的少年，穿着绿色和尚领外衣，头戴黄色贝雷帽，招呼着走在最后的两个小男孩。两个男孩扎桃髻，最小的一个趴在另一个肩上，摇着手中的拨浪鼓。迎着出游归来的人们，对面走来两位妇女，正指点着搭话。她们一个穿绿色格纹立领中袖上衣，梳高髻，手提时兴的黑色手袋，着黑色马面裙；另一挽髻、穿红色团花衫、带蕾丝花边的绣花马面裙，显得格外时髦。

背面题诗："云想衣裳花想容，春风拂槛露华浓。若非群玉山头见，会向瑶台月下逢。癸亥年之秋周筱松写。"

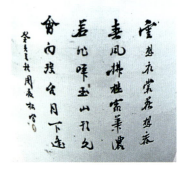

的需要，民国初期的瓷器上，出现了描绘现实生活的时装人物画。民国以前，中国瓷器上的人物画以摹古为主流，因缺乏创新而逐渐衰退。民国时装人物画瓷器的出现，使中国瓷器上的人物画展现了新面貌。过去认为，民国初期是中国美术史上人物画青黄不接的阶段，古典人物画的最后代表画家任伯年、黄山寿先后在清末民初去世，新一代的现代人物画家徐悲鸿、丰子恺、冯钢百、司徒乔、蒋兆和等人正在学画。随着吴友如在清末去世，以风俗画为主的画报已步入低谷。然而，就在人物画低迷之际，彩绘瓷器却在新文化运动的推动下显现出人物画的神来之笔；同时，民国瓷器也以时装人物画创出特色。

但是，景德镇从事瓷器艺术的画师们，毕竟远离国家的政治、经济、文化的中心，在思想上和艺术修养上都有一定的局限性。虽然为了迎合市民阶层顾客的趣味，在瓷器上描绘的是时装人物，但它毕竟是用作装饰的图画，总体上还没有跳出美女画的圈子。尽

管在绘画上吸收了西洋画的技法，在构图和色彩处理上有过一些突破，然而不久，又形成程式化的套路。往后，瓷器上时装人物画的题材范围愈来愈狭窄，脱离生活而闭门造车，虽然偶有佳作，但从整体上说，时装人物画瓷器的发展已缺少前进的活力。

自辛酉年（1921年）以后，瓷器上的时装人物画多以花园洋房为背景，通常画着水泥的尖顶塔形柱，蜿蜒起伏的围墙，逶迤曲折的长廊和有着花饰柱头的廊柱，做工考究的石或木制的花式栏杆，圆形的窗和过道门，粉白墙上的各式壁灯，细巧的百叶窗和五彩斑斓的玻璃花格窗，红砖砌的烟囱，水泥制的电线杆，以及垂吊着一串串紫藤花叶的花棚、绿柳、红桃、

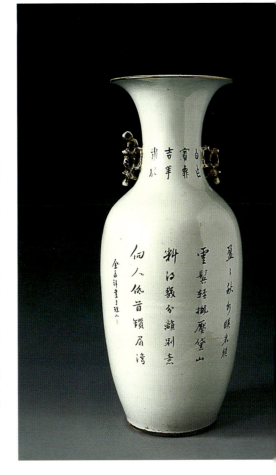

39 庭园仕女图大瓶

约1923年

高57、口径20.5、底径16厘米

洋楼前，一群年轻女子相聚交谈。正中一位穿着矮立领湖蓝色斜襟圆摆上衣，袖口盈阔及腕肘，衣上饰锦绣蝙蝠万字纹；下着黑色绣花马面裙，长度及胫。另一梳髻女子身穿两侧开襟的锦花长坎肩，红色条纹宽管裤，蓝袜。右侧一个穿锦衣马面裙的女子背着婴孩，一个稍大的儿童梳小冲天辫，蹲在地上玩耍。穿绿衣、镶边条纹裤的女子，手搭在身旁女子的肩上。左侧另一妇女领着一个红衣绿裤摇五色旗的小孩。整个场面热闹非凡，其乐融融。背后两侧显现出高大的西洋式建筑，拱形门廊，镶拼着彩色玻璃，二楼安装着百叶窗，园内有假山、青松、铁栏杆。

画面上方题款："活色生香。"背面题诗："盈盈秋水映朱颜，云鬓轻拢压黛山。料得几分离别意，向人低首锁眉湾。金永祥拜书于珠山。"

青松、粉花、棕榈、芭蕉、假山石、长台阶，像预先设计好的一套套布景被轮换使用着。上海租界是各式花园洋房集中的地区，时装人物画中的花园洋房，应是取自上海租界花园洋房的样式。画中洋房里的中国主人受着传统和西洋的双重教育，中国传统的摆设和家具依然带进洋式的住宅中。因为那些大工业生产的廉价家具不能体现出洋房里中国主人的身价，他们深信坚实沉重的红木家具有着保值意义，而列为家具的首选。户内触目可见的清式红木家具、树根做成的盆架、饰有团花的锦缎窗帘、发着朦胧暖光的纱质灯笼、置于案头的线装书、长圆鼓形的镂空瓷凳，都盛贮着往昔的文化气息。富裕阶层的家庭生活中，这种中西文化交融的现象，在民国初期比比皆是，这种事情发生在新旧文化的转变期是很自然的。

可是，租界本是洋人强占的地盘，行政上属洋人管辖，洋人的经济和文化如海潮涌入，在洋货铺天盖地的倾销下，中国民族工商业举步维艰。1924年，诗人蒋光慈在《哀中国》诗中悲愤地写道："满国中外邦的旗帜乱飞扬，满国中外人的气焰好猖狂。"庚申

---

40 携子欢颜图深腹盖罐

癸亥年（1923年、民国十二年）

通高27、口径9、底径13.5厘米

五色旗下，一中年美妇人身穿绿色高立领衫，领口别花，下穿侧面打褶的黑色长裙，怀抱戴帽的红衣婴孩，裙襟边另一戴贝雷帽的孩童手持彩旗。画面正中一时髦女子，穿着紫色大花坎肩，内露翠衫，领口别绿花，下着绿色长裤，露黑鞋。藤椅上倚坐着一个高云髻的女子，穿着湖蓝色点花上衣，高领夹腰，领襟佩黄色珠花，下穿流云纹开片长裙。一戴贝雷帽着披肩粉衣的孩童依偎在她的膝畔。

背面题："莫道红颜多薄命，时携儿女在身傍。时属癸亥仲夏月书于珠山之客次，余源兴作。"

41 魔术图长颈瓶

癸亥年（1923年、民国十二年）
高57、口径20.5、底径16厘米

红腿绿布包里，突然变出了一个俏丽的穿着红斗篷的女子，乐得着蓝花坎肩的妇人和在旁的小孩喜笑颜开。女魔术师身着绿色高领碎花圆摆坎肩，绣花红色马面裙，一手伸入魔术袋，一手拿着黑色拐杖；左侧另一穿高领绿衣、直管七分裤的女子倚靠于魔术袋边，应为魔术师的助手。身后两侧展开栏杆，墙上有蓝色百叶窗。

背面题："供得年华消得恨，美人颜色古人书。时癸亥之夏月书于珠山客次西轩，徐祥兴作。"

年（1920年），洪步余在瓷瓶上绘制了内容独特的《离别重会醉酒图》，曲折复杂地流露出忧国忧民的心情。画面上，一群女子把酒共话离别之情。言犹未尽，酒过三巡，天色入暮，油灯燃升。室外分两排悬挂着万国旗，五色旗厕身于列强各国国旗的间隙之中，被挤在下方。触景生情，更伴室内饮酒人的离情别绪，女主人手持酒盅低头无语。酒桌一侧，女友反身俯伏于椅背上，双手捧着白色手帕作掩面状，是醉？是泣？她身后穿绿裳翘腿而坐的女子别过身去黯然神伤，是不忍卒看？还是不忍卒听？只有不知愁为何物的孩童们，径自在一旁戏耍。图中没有瓷器画中常见的祥和喜庆的气氛，而表达的是女友们离别重逢时一醉方休的惆怅之情。洪步余在瓶身题诗中写出了离时愁多、聚时泪多的心绪："两两三三更语亲，堂前各话旧离情。今朝幸□重相对，天气清和雨中情。"这诗中的雨，是阴雨？还是泪雨？使人感到难以卸落的沉重（图19）。

瓷器上的时装人物画中，像《离别重会醉酒图》这样带有感伤情绪的作品，只是特殊的例子，绝大多数的画面里表现的是闲适轻松的内容。珠山西轩徐祥兴在癸亥年（1923年）绘制的瓷瓶、注释兴绘制的瓷盖罐，分别描绘了女魔术师进行臭测高深的表演的情景。中国原有古彩戏法，只由男人演出，一般由两个大人和一个小孩演出，用的道具是一个大木箱，由空箱子里变出纸花，鸽子等物品。民国初期又有西洋魔术传入，变魔术者手中拿一根"司的克"（即拐杖，时称"文明棍"），以表示表演的是洋戏法。张恨水在《金粉世家》一书中，记叙了民国早期女魔术师表演的情况："燕西道：'有道是有一个玩法。现在来了一班南洋魔术团，有几个女魔术家，长的挺好。'慧厂道：'你还是要看他魔术呢？还是要看女魔术家呢？'燕西道：'魔术也看，女魔术家也看。到了那天，请她来变了几套戏法，静静悄悄的乐一阵，包管谁也不知道'。佩芳道：'我看不请也罢，这种女人，总不免有几分妖气。'"从这段文字中可以知道魔术是由南洋一带传入中国，而且由年轻俊俏的女魔术家进行表演，除了在娱乐场所的舞台上演出，还被请到豪门大宅中去表演。女魔术家的社会地位并不比娱乐场所的女子高多少，甚至遭到非议和藐视。

两件瓷器上画的女魔术师形象大体相同，但表演的场合不同，一是在宅外庭院中，有妇女领着小孩子前来观看。另一场合似在木板搭起的舞台上，舞台两边有卷起的帷幕。表演魔术的共三位女魔术师，额发都为前刘海式。画面前方均立一女魔术师，身穿绿色或灰色的黑花坎肩，下穿红或黑色马面裙，左手挎着"文明棍"。她的身后是作为魔术道具的大包裹，置于一张有旋足的木桌上。她的右手正伸入包裹中取物。包裹后面立着一位红衣魔术师，颈部似围着红巾，双手正在捏入一条白色帕巾，以熟练的手法巧变魔术。红衣女子的右方立一穿条纹裤的女子，左手持帕，身依在包裹的一侧，应为辅助表演者。两幅魔术图绘影绘色地表现出民国早期敢为人先的女魔术师的灵巧的身法手段（图41、42）。

《仕女出游图》是民国瓷器上的时装人物画最常

见的题材，多数图中描绘全家女眷结伴出游的情景。有的手执洋伞，有的轻摇团扇，有的臂挽坤包，有的口掩罗帕。孩子们跑前随后，有的手中举着五色旗或彩旗；年轻女子背着或抱着幼儿。一行人或刚走出宅院门口，或走在桃红柳绿的园圃中。举家出游算是在新式家庭中出现的一种生活方式。

洪步余在戊辰年（1928年）绘制的游园图深腹盖罐，是迄今我所见到的纪年最晚的时装人物画瓷器。

---

42 魔术图深腹小罐

约1923年

高13、口径8.5、底径12厘米

青幔拉开的木板舞台上，三位女子正在变幻魔术。手拿黑色拐杖的青衣女子正是魔术师，她将手伸入带三条木腿的绿布魔术袋，袋中突然钻出一个手执青帕的红衣女子，左侧一翠衣衫裤子女子在旁辅助表演。三女均容貌清秀，头梳发髻，刘海分作两股燕尾状。

背面题款：“美人如玉之汪释兴作。”

图中妇女的服饰已经透露出现代的气息，那只到耳际的清爽的短发，露颈的短衣领和露小臂的短袖，以大纽扣作装饰、裙摆上收的时髦裙子，展现出现代女性的风貌（图60）。在中华民国成立后的十多年中，经过许多波折，将女性用服饰封闭得十分严密的时代终于结束了，新一代穿时装的人物真正走上了历史舞台。

五、从古装走出的时装

中国服装有着悠久的历史，但真正意义的时装出现的时间并不长，直到民国初期，时装终于从古装的束缚中走出，开始了中国现代服装的新纪元。

从古装发展到现代时装，走过了一万多年的时间。妆扮自己原是人类的天性，一是为悦己者美容，二是向异己者炫威。远在旧石器时代晚期，北京周口店山顶洞人已会用骨针进行缝纫，足以将几片兽皮联缀在一起，除了用作护肤御寒，不排除也有招摇之意。一件用凶猛野兽的皮毛制成的服装，显得威风凛

43 树下对谈图长颈带环对瓶（2件）
约1923年
高43、口径17.5、底径14厘米

西式洋楼前的庭院之中，两美人对坐于树下的小桌旁促膝谈心。一女子头顶高髻，身穿湖蓝锦缎衣衫，高立领，衣衫宽大，下穿深色侧边开衩褶裙，开衩处露出内夹裤。另一女子低垂髻，身穿高领中袖的紫色锦花衫，下着绿色碎花百褶长裙。花树之下，一绿衣紫裤的侍女将一个婴孩举至枝畔嬉戏。一个稍大的扎髻男孩手举五色旗奔跑嬉闹。

背面题："玉人如花月，美色正清华。书于珠山昌江客次，张荣顺作。"

凛，会引起众人的惊羡。最初的衣服样式已无从得知，但山顶洞人遗留的装饰品却有款有式，这些装饰品的原料取之不易，有采自海滨的蚶壳，有拔于猛虎口中的利牙，有的用当时新出现的钻孔和磨制的工艺来加工。佩戴这些装饰品足以炫耀一时，在初民社会就是最大的"时髦"了。

商代一般人的服饰大多简单朴素，只有权贵们的服饰用料华贵，制作精湛。到了周代，形成了一套较完整的服饰制度，对不同身份的人在服饰礼仪上有十分繁琐的规定，连帝王百官礼服上的装饰纹样也视等级而有所不同。秦汉时期的衣冠服制更加成熟，礼法益加森严。西汉晚期，长安城的奇装华饰流传四方，即遭到非议，汉成帝下诏加以禁约。魏晋玄学兴起后，士人个性开始张扬，服装新样迭出，奢华的风气相延到南北朝。南齐著名画家谢赫将新流行的服饰绘于画作中。姚最《续画品》也称："丽服靓妆，随时更改。直眉曲鬓，与世事新。"从而倡导着服饰时尚，"遂使委巷逐末，皆类效颦"。唐代是一个开放而宽容的时代，多姿多彩的华丽服饰令人赏心悦目，上流社会倡导的时世妆广为流传。

宋代封建礼教盛行，"革尽人欲"的程朱理学占据了统治地位，鲜艳的色彩从女子着装上消失，女性的体形被隐藏在宽大的衣服中，除了脸和手以外，身体的其余部分全被服装禁锢和密封。虽然以后元代和

──────────

44 旗下聚美图双耳长颈瓶

癸亥年（1923年，民国十二年）

高43、口径17.5、底径14厘米

高高的桅杆上悬挂着旗帜，洋房楼梯前，一群女子正在相聚谈天。画面正中的妇人刘海垂髻，怀抱婴孩，锦衣华衫下配精美的绣花褶裙，左边女子身穿桃红色立领上衣，垂挂珠饰，下穿一侧打褶的筒裙。右边两个女子云髻低垂，衣饰光鲜，一着绣花深色褶裙，一着及膝短裤。楼梯上下来的两女子谈笑风生，一翠衣别花，领袖镶牙边；另一个穿半长直管裤。瓶颈部饰镂空双耳。

左侧题："美色清华。癸亥秋洪步余作。"背面题："婷婷袅袅十三余，豆蔻梢头二月初。春风十里扬州路，卷上珠帘总不如。洪步余作。"

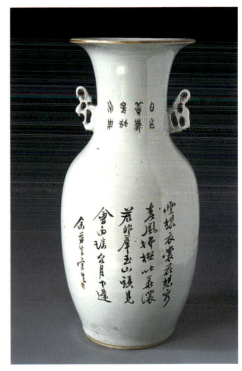

45 四美图长颈瓶

约1923年

高43、口径17.5、底径14厘米

假山桥栏之前，绿柳红桃之下，四女子与一幼童在阶梯间游戏。其中三位女子脑后垂髻，前为"满天星"式刘海。中间一位妇人身着深蓝底黑花矮立领中袖衫，黑色一侧裹式打褶筒裙。面前一妇人正与她对话，着绿色条纹上衣，灰色矮立领镶花边；下着浅紫色黑花百褶裙，身后紧跟一红衣绿裤的幼童。后面一女子身着浅紫色暗圈纹矮立领中袖衫，水绿色中裙，持帕抚胸，神态羞涩。侧面一女侍结长辫，身着水红黑碎花中袖衫，下着蓝色黑条纹、黑花压边的中裤。四位女子皆穿黑色尖头平底布鞋。围墙边有一带铃白色小洋狗相随。

背面题诗："云想衣裳花想容，春风拂槛比华浓。若非群玉山头见，会向瑶台月下逢。余华生写生。"

清代的少数民族统治者倡导骑马民族的服装，但汉族的日常服装始终以宽袍大袖为主。清朝的舆服制度特别繁琐，服饰礼仪有严格的规矩，不同等级身份的人穿的衣服颜色都有明确的规定，黄色的袍服只有皇帝才能享用，黄色马褂是皇帝赐给下属表示特殊礼遇的服装。皇帝百官衣服上的装饰纹样，也要严格区别出

48 姊妹同游图深腹盖罐（2件）
约1923年
通高26.5、口径9、底径14厘米

云头石库门之下，楼梯迂回而上，几姐妹相拥正欲拾级登梯。正中年龄稍大者世髻，额前有细碎刘海，着蓝色团花高领中袖上衣，袖口及腕，圆摆上镶边，下穿黑色镶牙边长褶裙，脚穿尖头黑布鞋。旁边另两个姐妹均世髻，前额留细碎刘海，身着高领宽袖圆摆上衣，一红一绿，一个饰细花，一个为素条纹，下均着绣花马面裙。绿衣女子手牵一个红衫绿裤的髡发小童，身后立柱边另一个着红衣绿裤的小女孩探身张望。

背面题："姊妹同游玩，稚子倚身前。仿六如主人之法。书于珠山客次，祥兴茂作。"

尊卑次序，绣有龙纹的袍服惟有皇帝和皇后才能穿着。五爪的龙挑去一爪的纹样称作"蟒纹"，专用于清朝的官服上。在以不同的服饰来表示等级身份的时代里，不允许越规逾矩的奇装异服出现。一代又一代的妇女在清一色的严密的服装中老去，任何个性都被封建礼教从根本上抹杀。如果人民不能自由地根据自己的喜好来选择服饰，就不可能产生真正意义上的时装。

时装，顾名思义就是时常更新的广为流行的服装。时装是近代出现的服装现象，时装最初发起于西方，大约从17世纪起，巴黎成为时装的中心，向欧美等地蔓延发展，后来又波及亚洲。中国的时装自产生以来，屡伏屡起地发展，至今只有近百年的光景。

中国时装是伴随新时代产生的，随着清王朝末代小皇帝被抱下龙位，历史发生了巨大的变迁，中国人从古装的禁锢中走出，在作为现代生活大都会的上海，那里的人群领先掀起了时装的潮流。

六、从时装失落到时装再盛

中国最早穿时装的人们却生不逢时，他们在时代变革中各奔前程。有的奔赴抗日前线，有的参加革命队伍，有的在战乱中辗转逃难而生计维艰，有的在沦陷区苦守气节，也有的败类堕落为汉奸，有的发国难财中饱私囊……而在动荡的年代里，不断更换的各种军装，取代了生活中的时装。

中国第一代穿时装的人群，本是随着清王朝的覆灭和封建礼教的崩溃应运而生的，原为成分复杂的复合群体。他们穿着的时装成为新文化的载体之一，成为共同的文化标记。时装人物也就成为新文化运动洪流中的弄潮儿。时装人物画瓷器，是这段历史留下的时代印迹。

民国早期瓷器的人物画中，遗存着最先穿时装的人们繁华梦中的浮光掠影。在国家和人民没有取得真正的独立自由的时候，时装不可能健康地发展。人民

47 聚美图深腹盖罐

癸亥年（1923年、民国十二年）

通高26.5、口径9、底径13.5 厘米

书斋门前，廊柱之下，众美相聚。一美妇梳双团高云髻，着翠绿细花衣，右手执帕，下穿湖蓝色长褶裙。与其相攀谈的女子梳垂髻，垂丝刘海，戴耳坠，穿灰立领碎花上衣，黑色缠枝花马面裙，露小足。迎面两女子一个身穿紫色斜襟锦花衣，手执合拢的蓝色长柄伞，另一个穿湖蓝色团花上衣，胸襟佩红花，带着一个红衣裤、头扎蝴蝶结的小女孩，两妇人均穿黑色绣花马面裙。左侧一个少年头戴贝雷帽，内穿对襟高领衫，外套绿色条纹和尚领交衽长衫，露黑布鞋。另一个男孩也戴贝雷帽，背着一个手持拨浪鼓的小婴孩。

背面题诗："云想衣裳花想容，春风拂槛露华浓。若非群玉山头见，会向瑶台月下逢。癸亥之春长春阁作。"

如果不能按照自己的喜好选择服装,时装便成了趋炎附势的服装。

　　时过境迁,久违的时装在中国前所未有地蓬勃发展。今年5月,我参加了清华大学艺术与科学国际学术研讨会,并在清华大学校园观看了时装表演会。当晚,夜空如洗,皓月皎洁,在格外明亮闪烁的舞台彩光中,伴随着强节奏的音乐,年轻又大方的模特儿演示着五光十色的时装。对我这个民国时装人物画瓷器的收藏者来说, 眼前的景象使我感到既亲切而又新鲜。我仰望不时星移斗转的夜空,又环顾身旁一起观看时装演出的各国科学家、艺术家和大学生,我们在这里共同感受中国的时代脉搏。时装,已自自在在地进入了中国人民的生活中。

2001年7月于苏州葑门大吉书斋

民国时装人物画瓷器中的
妇女服饰

张　晶

　　人类总是在永无休止的希望中发展的。健康的体魄，良好的教育，充分的思想自由，还有对美丰富的感知，这一切都是体现幸福的标志。如果达到这些目的，不仅自己幸福，对于他人也有益处。这些在现代人看来那么平常的想法，那么容易理解的自由的行为，在百年前却经历了一场惊天动地的波澜才得以实现。当百年的历史已经成为过去的时候，重温往昔所谓的快乐，所有的浮生百态犹如幻影，但重新反思这种对快乐人生的肯定，却愈加显得弥足珍贵。

　　在这样一个世纪交替的格局中，怀旧成为一种时尚和潮流，不能说是毫无原因的。古今中外的有识之士早就意识到，妇女形象的变化和衣饰流行的格调，往往会反映出这个社会的态度和理想化的倾向。应该这样说，社会的革新与进步总是与妇女的解放相互关联的。当人类走出混沌，就在充分地展示自己，只是男女的表现各不相同：男人满足于外部世界的权利与意志之争，而女子则注重表达内在的情绪。漫长的封

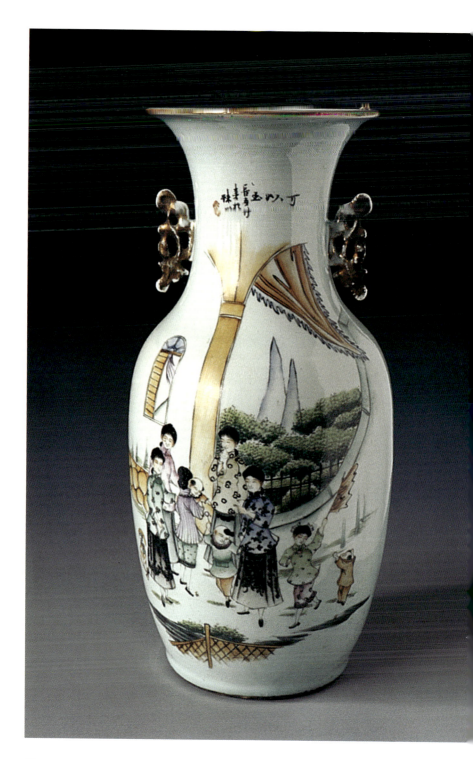

建社会，女子精心装扮自己，其目的是为悦己者容和炫耀门庭显贵，衣饰过分的堆积点缀、镶珠点翠、锦绣针黹，但包裹在其中的妇女的角色倒显得那么微不足道，成了衣饰的附庸，轻飘单薄得只剩下一个空骨架，更谈不上所谓的人性之美了。直到19世纪以来，衣饰不再是显示身份的重要标志的时候，女人才开始注意自己的形体、身段和肌肤，才开始发现礼教道德之外的美感，才意识到女人原本的天性和独立的人格。

在中国，这一切的改变是随着辛亥革命旗帜的举起、推翻了清王朝的统治开始的。中华民国成立以后，废弃了千百年来以衣冠"昭名分、辨等威"的传统习惯和规章制度。20世纪20年代末，民国政府重新颁布《服制条例》，对男女的礼服和公务人员的制服有所规定，对于平民服饰则不作具体限制。进入30年代，男子服饰的变化已不太显著，而妇女服饰的时尚之风却越来越盛。

20年代的中晚期，是近代中国妇女服装演变的一个重要阶段，真正出现了现代意义上的时装。时装的流行和传播，与当时特定的社会风尚和文化生活有极为密切的关系。时装就是一种时髦的服装，它打破了旧有的服装一成不变的模式，冲脱了礼法宗规繁琐的约束。它从产生之日起，就带有合乎时代、合乎时节的性质，每时每刻都在发展变化，有很大的流行

48 可人如玉长颈大瓶

癸亥年（1923年，民国十二年）

高43、口径17.5、底径14厘米

洋楼廊下，小窗敞开，洞墙围栏透出远处的青山绿圃。四位女子均前垂丝，后挽髻，着丽装，携子女，欢聚一堂。中间一个怀抱婴儿的女子垂花髻，着紫色素纹衣，下穿时髦的及膝短裤，裤脚带花边。右边一妇人牵着一个手持拨浪鼓的男童。右侧一女童头扎蝴蝶结，手持小旗，与一小童戏耍。其余妇人们均着高立领各色锦绣花衣，马面长裙，露小脚。左边有黄白色相间哈巴狗。

画面上题："可人如玉。长春林书于珠山。"背面颈部题："摹积古斋原本。"瓶腹部题："云想衣裳花想容，春风拂槛露华浓。若非群玉山头见，会向瑶台月下逢。癸亥之夏长春阁写。"

性。中国近代妇女的着装，体现出中国时装发展的开始，呈现出服装史上划时代的变化。但这一时期留存的时装实料却相当少。因此，张朋川先生收藏的这批时装人物画瓷器就显得非常珍贵。瓷器画面上那些朱门洋房、翠帘绣幕里的女子们或清谈、或绮宴、或伴游的场面，展开了一帧帧绚丽的画面。这儿有举家和融的相聚畅谈；有野草闲花里的倩影芳踪；有阁畔堂前的莺嗔燕呢，有酒酣席谢的芝兰醉容……千娇百媚，历历在目。一一观览，犹如在翻阅一部民国女子风情图录。民国以前的瓷器，从没有将同时代的人物生活场景如此悉心地绘于瓷瓶上的。这批时装人物画瓷器对新潮女性的描绘，完全是一个崭新的开始，这预示了时代的变革中女性自我价值的发现，以及时尚潮流中社会观念的转变。

当传统的衣冠服制随着帝制的崩溃而消失，人们从此可以按照自己的意愿，选择自己称心的衣服，不

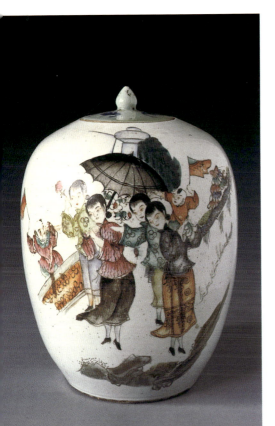

49 执伞出游图深腹盖罐

约1923年

通高26.5、口径9、底径13.5厘米

一柄撑开的黑阳伞下，几位女子相伴出游。中间一红衣女子双手护伞，下穿绣花黑筒裙，青袜。旁边两女子额前留垂丝刘海，身穿锦花衣，其中一个腰间垂绦，另一个穿艳丽的不对称式花样橘色筒裙，背负握旗欢闹的幼儿。几位女子均穿时髦的带跟鞋子。矮墙边一女侍袖阔及腕，下穿直筒裤，手拈花朵，与墙外小童相戏。小童髫发梳小双髻，围披肩，红衫绿裤。背后透出廊柱与花朵。

背面题："玉人如花月，美色正清华，仿六如之法，书于珠山轩，樊溱和写。"

50 仕女戏婴图深腹盖罐

癸亥年（1923 年、民国十二年）

通高 28、口径 10、底径 13 厘米

洋房外，百叶窗前，一个梳高髻的美妇怀抱婴孩，身穿高领素纹绿色夹衫，黑色绣花长裙，裙门平，两侧打褶。前一侍女扎辫蓄刘海，着紫色高领长衫，下穿绿色七分长裤，腰垂橘色丝带。左侧一梳高云髻的妇女执帕而立，上衣下裤，袖及肘腕，略为宽松。身侧两孩童相对嬉戏，一执五色旗，一鼓腮吹奏喇叭。另一孩童头戴斗笠，脖围大巾。

背面题款："玉人如花月，美色正清华。时属癸亥夏月昌江之客书，永发祥作。"

受任何的限制了。这一时期的妇女服饰，正处于由传统向现代的转变阶段，既有继承清代的大襟衣裤，也有仿效西方的小袖长裙。初期还是以上衣下裙最多，既而又流行旗袍，而且时间较长。自此新旧款式交替，日新月异。民国时期妇女服装的发展与转变，大体上可以从袄裙、衣裤、发式、鞋帽、妆容及饰物几个方面来审视。

一、衣衫、袄裙

这一时期流行的女装形制基本是上衣下裙，这是清朝遗留下来的服制。上衣分衫、袄，还有背心，式样有对襟、琵琶襟、一字襟、大襟、直襟、斜襟等种类；往往在领、袖及下摆镶滚花边，也有的加刺绣纹饰。下装为长裙类，有马面裙、百裥裙、绣花裙等。上衣开襟的变化，清朝就有，其中以大襟、斜襟持续时间较长。裙装则更加讲究，通常出门时裤子上套着黑色的长裙；而逢年过节，太太穿红裙子，姨太太穿粉红色，寡妇则穿黑色或湖蓝色、雪青色。最叫人瞩目的是那种百褶裙、百裥裙，走起路来裙摆轻微摇动，裙下莲步婀娜，便是古称的"裙不露足"了。

时装画瓷器上的女子已鲜见百褶裙，更多出现的是一种前面加蔽膝装饰、左右打褶、长度及踝的马面裙，一般已婚和有身份的女子穿着最多。裙有素色的、绣满花的，或者只在前遮蔽绣花的几种样式，这也应是当时妇女较为正式的着装之一。

民国元年，参议院公布的女装礼服样式为上衣齐膝，对襟，有领，左右及后端开衩，下裙为两侧打褶，基本保持此时的普遍样式。民国初年，由于留日学生的增多，受到了日本女装的影响，妇女上身穿修长的高领衫袄，下穿黑色长裙，裙为素地，不绣花，衣衫也比较朴素，手镯、戒指、耳环等首饰一律不戴。此类服装被称为"文明新装"。景德镇松林阁瓷绘名师洪步余绘制的丙辰年（1916年）款深腹大罐上，怀抱稚子的妇人头盘高髻，身穿绿色高领袄衫，下穿黑色马面裙，这大概就是当时的"文明新装"了（图2）。总的来说，时装画瓷器上表现出的民国初年女子服装，仍旧保留着浓重的晚清风格：衣必包臀至膝；裙长及踝，并且多褶。

我们注意到，民国初年妇女服饰的革新者，并不是那些养在深闺的大家小姐，也不是名门望族的贵妇名媛，而是流落红尘的青楼女子。辛亥革命时期和民国时期，入青楼吃花酒是非常时兴的社会风气，不论文人、学生、商人还是革命党人，各色人等都经常出入花丛间。蒋介石、陈其美等人常在青楼中商议大事，谋划"二次革命"；蔡锷将军也曾流连在北京前门外的八大胡同，借名妓小凤仙一曲《高山流水》瞒天过海，佯装纸醉金迷，暗地里秘密策划武装反袁，组织护国军。随着袁世凯的垮台，小凤仙和蔡将军的萍水姻缘，也成了一段古今佳话。此时的都市揭开了社交公开的帷幕，妓女们也扮演起引领时尚潮流的角色。这些长三堂子里的名妓们，客观上成了民国初年最早的模特儿。

最初流行的"奇装"是从硬硬的领头开始的。从存留的民国旧照《十美图》来看，个个名妓都领头高耸，最高者能遮住双耳，低者也能挡住两腮，让人看去实难想象其脖颈如何扭动，好像套了直筒一般。这一情形在郁慕侠著《上海鳞爪》一书的《竹枝诗》里是如此形容的："领头高得像葫芦，遮住蜷蜷碧玉肤。个个几成强项令，可能顾盼自如乎？"①高领头来势汹汹，很快各阶层妇女都竞相模仿，风靡一时。张氏珍藏的这批民国时装人物画瓷器中，丙辰年、丁巳年、己未年等民国初年瓷器上的仕女多为高领装束，但个中女子已非烟花女子，而是闺阁里的小家碧玉。可见此种领头已在全社会逐渐流行开来，而且不仅女子风行，连摩登的男青年也穿上了高而硬的领头。"不是摩登不少年"的诗句一时传唱开来。

近代服制的真正改革，开始于上世纪20年代末民国政府重新颁布《服制条例》。这次规定的服饰，主

51 游归图盖罐

约1925年

通高32、口径13、底径20厘米

剪着时髦短发的女子手执红色小三角旗，上衣开V字形低领，扇形阔口袖，露出白皙的脖颈和臂膀。下着深色绣花褶裙。身旁一男孩头戴瓜皮帽，穿红衣翠裤，宽管短裤及胫，正在吹奏喇叭。中间一个着红色圆领绣衣的女子撑一柄深色洋伞，下着湖蓝色方格及膝裤，露小腿。一个胖乎乎的梳髻小童抬手遥指，稚态可掬。左侧另有一女子，着湖蓝色低领口双开襟上衣，下着黑色绣花筒裙，执团扇相望。周围树木葱茏，环境宜人，石华表、亭台楼阁相呼应。

背面题款："汗湿红妆花带露，云堆绿髻柳拖烟。仿云林居士之意书于昌江之西轩，松林阁作。"

要是男女的礼服和公务人员制服，而对于百姓平时的便服则不作具体规定。没有了限制，人们便可以随意穿衣，所以说使得妇女的服饰装饰变化之风越演越盛。总体来说，衣裙的变化趋势是上衣越来越短，衣服的下摆由方逐渐变圆，腰身已经出现些微收束。衣服的袖子早期是紧口，长度接近腕部，通常露出一截别样花色的内衫。到了 20 年代前后，衣袖活度变得

52 陇西名姝图长颈瓶

约1925 年

高43、口径17.5、底径14厘米

西式廊柱之下，垂丝刘海的女子穿着低领及肘的宽松上衣，衣襟别花，下着绣花直筒短裙，脚穿紫色丝袜。一着绣花紫衣和中裤的女子背面而立。身旁一孩童梳桃髻。右边另一垂髫刘海的女子着红纹V字领阔袖上衣，黑色绣花短裙，露胫，着丝袜。旁立一女子着V字领上衣，下着及膝筒裤。左侧一女子也穿低领宽袖上衣，条纹中裤，背上背一个红衣绿裤的小童。

画面上方题："新妆入时。程玉新写。"背面题："环肥燕瘦句风流，周访当年孰与俦。艳影大观还继美，陇西名姝足千秋。江西程玉新作。"

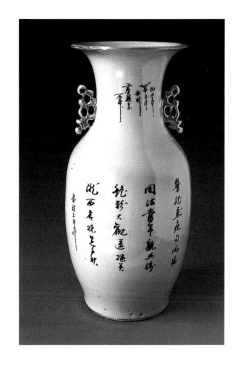

宽松，而且长度变短，直接露出粉白的小臂。衣领也花样翻新，或紧或松、或圆或方，但比早些时候低了许多，因此时装人物画瓷器中的红妆体态也显得自如轻松，一改早期长衣、紧腕、强项令的僵硬和拘谨。

到了30年代，上海贸易禁令的解除，使得外国的衣料源源不断地输入中国，对于服饰的改革更起到了推波助澜的作用。尤其在上海，人口集中，口岸开放，工商业和文化事业都比较发达，逐渐成了妇女时装中心。各大著名的报刊杂志都开辟了"服装专栏"，邀请画家为其设计新装。至此，妇女服饰逐渐由简入繁，渐渐走向高峰。

中期上衣的变化中，最能体现流行时尚的是衣服的下摆，随时代的不同，它们一直演绎着方圆、宽瘦、长短的变化，此时的下摆已完全变成圆摆弧线形，或在衣服边缘部位施绣花，有的还加上五彩珠宝，非常华丽。此时，袄裙款式有了突破性的变化，上衣窄小及腰胯，明显收腰。领的式样更是不胜枚举，圆领、V字领、翻领、镶边领等等。衣领口变得很低，尤其

53 仕女携童图帽筒（2件）

乙丑年（1925年，民国十四年）
高27.0，口径12，底径12厘米

一对帽筒画面左右对称。止中绘一执扇女子，身着翠绿色黑花矮立领斜襟宽袖上衣，下着黑灰色及膝直筒裙，式样呈不对称式，一侧打褶绣团花。左侧一儿童坐在妇女下衣襟，儿童穿绿色衣边，裙口绣一圈花边，头戴贝雷帽。侧立一仕女执绢帕掩口，身穿湖蓝色矮立领斜襟滚边马甲，两侧开衩，内露胭脂色薄衫，袖口宽大，长度及肘，下着中绿色底黑色条纹宽管过膝中裤。两仕女均梳三股髻，前额蓄刘海，右侧一梳髻着绿色衣裤的儿童正与一只纯白狮子狗嬉戏。

右上侧题："美人如玉。乙丑春洪步余书于西轩。"

54 藤下聚美图深腹盖罐（？件）

乙丑年（1925年，民国十四年）

通高27.5，口径9.8，底径14.6厘米

花园围廊柱下，紫藤垂荫，青松挺首。一着V领低口宽松衣衫和短裤的女子发分三股，刘海如垂丝，手执扇。身边女子发式相同，身着织绣宽松上衣，袖口宽大及肘，下着绣花黑色短筒裙。两女均着时髦的肉色丝袜。最前边一矮小女子后盘发髻，身着紫花上衣、暗纹镶花边短裙，手提花篮。花园柱旁矮墙边，一女子和孩童倚卧其上，女子着宽袖V领垂丝式碎花上衣。

背面题："汗湿红妆花带露，云惟绿鬘柳拖烟。吋属乙丑仲夏月书于昌江之曲轩，洪步余作。

到了夏天，V字形领不仅露出粉颈，有的甚至低至胸口。袖子则长不过肘，呈喇叭形，完全裸露小臂，飘然若仙，妖娆迷人。裙子越到后期越短，直至缩及膝下，并且取消了早期的褶皱，任其自然下垂，也有在边缘绣花边和加珠饰的。

从张氏收藏的几件1928年前后的深腹收腰大罐看来，非常有趣的是，罐身的形制也与这一阶段流行的衣服一样出现收腰变化。其上绘制的女子已经和现代女子的装束没有多大差别了，齐耳的短发，轻薄的衣衫，及膝的短裙或中裤，玲珑毕现的曲线，连神态也变得舒展而自信了。正是由于这种衣制的改变，标志着一种独立意识的出现，它改变了从唐朝以来妇女服装的直身裁剪法，使中国妇女领悟到了曲线美的道理，改变了传统习惯，将衣服裁剪得更加称身合体，更加适合行动的需要。范烟桥在1924年《半月》杂志《妇女装饰之近观》一文中说："我们观察近年来的妇女服饰，逐渐把自然认作美的元素了，尤其是中国的妇女，进步得更快。因为以前妇女的装饰，完全是靠着机械，并且装饰了以后，行动上顿改常度，所谓'矜持'了。如今却不然，把许多束缚自由的装饰都解放了，这也是妇女问题中间很重要的问题。乐观派说起来，已经由静的地位慢慢向着动的方向走

55 赏鸟图深腹盖罐

乙丑年（1925年，民国十四年）

高32.2，口径9.1，底径13.3厘米

小楼庭院内，一年轻女子头梳短发，身穿露腕宽袖红色翻领的绿衣，下穿黑色至膝短裙，右手举一椭圆形鸟笼，左手正指点笼内的八哥。两位年轻女子在一旁赏鸟。一个手拿铜钹的儿童和一幼童正抬头观鸟。

背面题款：“汗湿红妆花带露，云堆绿髻柳拖烟。时属乙丑年冬月书于昌江之西轩，周裕兴作。”

去了。”②

二、裤装

在清朝，汉族妇女的打扮一般是衫、袄、裙，出门有时外加一件披风，而内里则是贴身肚兜，贴身的小袄往往色彩鲜艳，外边再罩上大袄或夹衫，衫和袄随季节，或单或夹，或棉或皮。那时的袄衫全都长过膝盖，好像直筒似的将纤细的腰身和丰圆的臀部包裹起来，没有曲线；而下身的裙子曳地臃肿，在裙子里还要穿上裤子。女孩子一般长及成年，就要穿裙子，如果不穿裙，在正式场合就被视作不合礼仪规矩。只有那些婢女和乡村劳动妇女，因劳动之便，可以不在裤子外边加裙。此外，青楼中的烟花女子是可以只穿裤子的。

进入民国，妇女一般在不着裙子时就穿上衣下裤，裤装较裙装来得更加随意些，因而得到年轻姑娘和劳动妇女的欢迎，常被作为家居服。开始的穿着，只限于家庭内部，较有身份的大家闺秀仍保持上袄下裙。到了民国初年，衣裤开始流行，许多青年妇女开始穿着一种紧绷臀部长及脚踝的裤子，并且公然堂而皇之走上街头，不知引来多少登徒子追随的眼光。丁巳年（1917年）款的推童车图帽筒就是这一现象最好的证明（图7），身穿窄腿线格纹绿长裤、胸襟别花的女子手推童车，正欣然走在木桥之上，正面右上侧有题记："西方妆美颜如玉，值得名花次第编。"旧制度的礼崩乐坏，让女性终于可以自由独立地决定自己的命运。女性对时尚的追求，最先表现在服饰上冲破长袍裹身的禁锢，裤装的外穿便是最有力的例证。

　　同样，裤子的长短和形式也随时代而变异。民国中末期，由于受到西方服饰的影响，服饰变化日新月异，姜水居士在《海上风俗大观》中记载了20年代初期的妇女服饰："至于衣服，则来自于舶来，一箱甫启，经人道知，遂争相购制，未及三日，俨然衣之出矣。……衣则短不遮臂，袖大盈尺，腰细如竿，且

无领、无头长如鹤。裤小短不及膝，裤管之大，如下田之农夫。胫上长管丝袜，肤色隐隐。……今则衣服之制又为一变，裤管较前更巨，长已没足，衣短及腰。"姜水居士言及的大袖短裤形象，在张氏收藏的癸亥年、辛酉年款的瓷瓶上多有体现。约制作于1923年的庭园仕女图大瓶，描绘一群年轻女子，正中一位穿着矮立领湖蓝上衣、黑色马面裙的女子牵拉着另一梳髻女子，后者上身穿锦花长马甲，下身所穿正是流行的所谓不及膝的宽管裤，胫上穿着蓝色丝袜（图39）。正如《上海鳞爪》的竹枝诗所吟："沪人衣服讲

---

56 可人如玉小杯
约1925年
高6、口径8.5厘米
一执绢帕的妇女斜倚于假山石旁，着青色矮立领绣花斜襟宽袖上衣，衣两侧开衩，下着深色裙。发髻分股，前蓄刘海。身后有白墙漏窗。假山后花枝吐艳。
背面题款："可人如玉。天津德庆仁出品。"

时行，花样连翻不断生。即此区区如裤管，短长大小屡纷更。"③民国时装人物画瓷器上的女子所着裤装，早期为长且紧窄的式样，颜色多种，有素色的，也有带花纹的，像己未年款盖罐上剪刘海的女子图中，那位穿着紫色花裤的女子，就显出小家碧玉的娇俏可爱。着裤的人多为家族中地位较低的婢女或奶娘之流，大概也是为了劳动的方便，和文献记载相一致。

到了20年代，裤子的脚管开始变宽变短，穿短裤成为大胆革新的时髦举动，女子争相为之，不管是大家闺秀还是小家碧玉，不管是已出阁的少妇还是未出嫁的姑娘，都穿起了裤子。裤子的变迁正是经历了这样一个由内穿到外穿，由家中穿到走上街头，由最初的妓女穿到妇女人人喜爱的过程。在这个过程中，变化的看来不仅是裤子的形制，更多的还是妇女心理上的自我认识和社会的价值观。

三、发式

妇女的发式，同样随着社会风气的转变而不断变化。清朝光绪末年至民国初年，凡是年轻未出阁的姑娘都梳一根油光黑亮的大辫子，结过婚的太太们则将头发盘成发髻。曾经流行的发髻有螺髻、包髻、连环髻、朝天髻、元宝髻、鲍鱼髻、香瓜髻、空心髻、盘辫髻、面包髻、一字髻、东洋髻、堕马髻、舞凤髻、蝴蝶髻、散心髻等等，不胜枚举。发髻的式样随年龄变化有所区别，并且还要看头发的多少才能梳起来。记载中的发髻样式，一部分可凭据形象资料辨认，而很多已无法辨认了。

大家闺秀的辫子有专门的女佣和仆人来梳，而那些纷繁复杂的发髻则专门由一种"梳头佣"来打理。梳头佣一般都由中年妇女承担，她们每天走街串户，以梳头手艺谋生，生意多的时候，一天可以梳十几户的头，那发髻的变迁，大概都是借梳头娘去宣传而得到普遍传播。结过婚的时髦妇女，在民国初年，都梳起由留日革命党人和学生引进的日本妇女的"东洋

57 迎稚子游归图深腹大盖罐（2件）

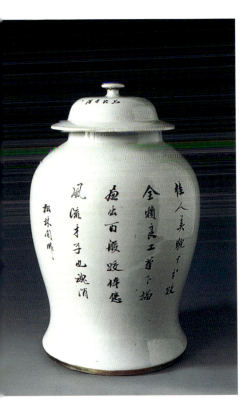

67 迎种了游归图深腹大盖罐（2件）

约1925年

通高33.5、口径12.5、底径20厘米

剪着时髦短发的女子手执红色小三角旗，红衣绿领，低领口呈V字形，扇形阔口袖，露出白皙的脖颈和臂膀，下穿翠色绣花裹裙，身旁一男孩戴瓜皮帽，穿翠衣红裤，阔口裤短及腿，正在吹喇叭。另一撑白色洋伞的女子着红领青色绣衣，深色条纹直筒裤，露小腿。一胖乎乎的松髻小童稚态憨然，手指远处，旁边矮栏杆之外站立一女子，短发，着橘色低领口双侧开襟上衣，下穿翠色不对称短筒裙，执团扇相望。周围树木葱郁，环境宜人，后有石柱华表，亭台楼阁。

背面题诗："佳人美貌十分娇，全赖良工笔下描。画出百般娇体态，风流才子也魂消。松林阁作。"

髻"。于是便出现"梳一东洋头，披件西式衣"的顺口溜。张氏收藏中最早的丙辰年(1916年)款时装人物画瓷器有两件，其中一件带盖敛口罐，描绘了二位妇女携了游戏于堂前，其中妇女的装束已明显看出受到西洋影响。首先人物后面的建筑门窗是西式花园洋房；再者，左边妇女手牵的小孩身穿蓝色线背心，头戴西式贝雷帽，实属舶来品；尤其值得注意的是，右边着嫩绿衣裳的女子，她的发髻正是流行的"东洋髻"，头分三股，花式盘起，不留刘海，与当年留学东洋的秋瑾女士的发型当属一样（图2）。

当时，除了梳各式各样的发髻，年轻的妇女还有蓄刘海的时尚。刘海的样式也多种多样，最早流行的一种叫"一字式"，长达两寸，遮盖在眉眼间。继而流行的是"垂丝式"，将额前发剪成圆角，梳成垂丝形。以后又将额发分成两绺，并修剪成尖角，形如燕尾，称作"燕尾式"。还有将额发卷裹，使之弯曲，名曰"卷帘式"。到了民国初年，更风行一种极短的刘海发式，远远看去若有若无，名叫"满天星"。每一种刘海的样式都能一一在时装画瓷器中得到形象化的印证。己未年（1919年）松月轩款深腹大罐向我们展示的，就是一幅难得见到的三位年轻女子修剪刘海的场景。额发尖尖分两绺，对镜凝神细端详，画中三位女子的发式均是三股头发梳成发髻，两额垂下"燕尾式"的刘海，旁侧的梳妆台上摆着一把玲珑剪，可见刚刚剪完（图15）。民国年间的刘海式样有的至今还受到妇女的欢迎并持续着，但其中"满天星"式非常独特，最具时代感，大量民国初年的时装画瓷器上都可看到，它极短极细，远观时朦胧而含蓄，非常符合当时社会认为的女了红巧柔弱让异性爱怜的审美观。

辛亥革命以后，妇女的发式也受到男人剪辫的影响。尤其是受了先进思想传播的那些女学生们，首先倡议剪去拖沓的大辫子。因潮流影响剪辫子和发髻，变成文明和时尚的标志，从而连理发店的生意也因此变得红火起来。开始时，中国理发店未曾做过此类生意，大家都上外国理发店去剪发，因为那里长剪、推子一整套的工具一应俱全。

至于妇女的剪发，在民国初曾经流行过一阵子，但很多剪发的妇女又重新蓄发。直到民国十二年（1923年），剪发才重又流行。早些时候，妇女剪发是将脑后头发齐刀剪去，脑后光溜整齐得就像剥光了的青皮鸭蛋；接下来等头发长起来，再去剃头店进行修剪，将头发变得蓬松而又有层次，被当时人戏称为"鸭屁股"式，这和当今上海少女流行的"碎发"式样颇为相似，真可谓"风水轮流转"啊。

鸳鸯蝴蝶派代表小说家张恨水在他的《金粉世家》中有一段关于女主人公剪发的精彩叙述，他是这样描写的："华竹屏将清秋的头发解开来，手上操着一柄长锋剪子，用剪子刀尖，在头发上画了一道虚线，随着张开剪子，把流水也似的一绺乌丝发，放在剪子口里……一语方了，只听那剪子咯吱咯吱几声，已经把一绺发丝剪下。然后把推发剪子拿起，给她修

58 放风筝图长颈瓶
约1925年
高42.5、口径17、底径14厘米

风和日丽，花色诱人，一垂髫刘海女子手持线轴，正在放飞一只绿抽红十字回头风筝。她穿着低领宽袖红色氽坎上衣，绣花短筒裙。身前，女士十伞幼童，着锦花低领长袖衣，绣化黑色筒裙，肉色丝袜，露新式尖头鞋。两个较大的男童拍手雀跃。右边一女侍长衫中裤，着绿袜尖头鞋，胸系十字背带，背负一孩童。人物背后铁栏围墙，露出西式建筑的宽门和百叶窗。

瓶颈部题："摹积古斋原本。"背面题："妙手新开色界天，织云缕月笔何妍。此中尽有颜如玉，抵得名花次第偏。书于江西毛子荣作。"

───────────

理短发。不到半小时，已经把头剪毕。刘玉屏笑道：'宓斯冷，本来就很漂亮，这一剪头发，格外的俏皮了。'清秋拿着一把长柄小镜，照着后脑，然后侧着身躯，对面前大镜子，左右各看了几看，笑道：'果然剪得怪好的。听说这头发还剪得各种名色呢，这叫什么名字？'华竹屏道：'这名色太好了，叫瘦月式。'清秋笑道：'不要自己太高兴了。不剪头的人，她可骂这个样子是茅草堆，鸭屁股呢。'"在年代较晚的30年代的时装人物画瓷器中，已多见女子剪发的画面，发型多为齐耳长度，蓬松而富有层次感。这一时期和此发型搭配的服装也有很大变化，即上衣为袒颈露臂、收腰圆摆的衣衫，下穿直筒短裙，可见时髦风尚引导下，女子越来越开放了。

四、缠足、放足及鞋

当说起上世纪初新的审美观和旧习俗的大碰撞，

就不得不提及缠足到放大脚的事了。很多陋习旧俗，在其出现之时，往往是人们争相效仿、追求的时尚。关于缠足的习俗起于何时，莫衷一是，没有确凿的说法。众多的起源说中，有认为始于南北朝齐国东昏侯时代的；有认为始于隋炀帝时代的；有认为始于唐太宗时代的，众说纷纭。一般认为是从五代南唐后主李煜让其妃子窅娘缠足开始的。"李后主宫嫔窅娘。纤丽善舞，后主作金莲，……令窅娘以帛绕脚，令纤小，屈上作新月状，素袜舞云中，回旋有凌云之态……由是人皆效之，以纤工为妙，以此知扎脚自五代而来方为之。"④大致到了宋代，缠足的做法相沿成俗，蔚然成风。缠足习俗的兴起，一方面是由于统治阶级对身边女性荒淫无耻的要求，另一方面是由于民间"上行下效"的心理使然，鲁迅就民间缠足作了形象的诠释："先是倡伎尖，后是摩登女郎尖，再后是大家闺秀尖，最后才是小家碧玉一齐尖，待到这些'碧玉'成了祖母时，就入于利屣制度统一脚坛的时代了。"⑤

缠足妇女所穿的鞋履，一直以纤小为尚，俗称三寸金莲。这种鞋子的头大多很尖，而鞋底内凹、弯曲如弓，因而也有弓鞋的称谓。穿弓鞋的女子走起路来步态娇娆，这便满足了男人欣赏时的心理感受，男子面对女子瘦欲无形的金莲而产生越看越生怜惜的情感，由怜惜而生疼、生爱、生美。穿弓鞋的妇女形象多见于早期时装画瓷器，其年代大约都在1919年之前，往往于曳地的长马面裙下，隐隐约约现出双钩金莲，有的还在金莲后部加上木质的后

跟。细观之中，就会发现画中的妇女身姿略显弓背，这是因为全身的力都集中于踵部，两腿和臀部肌肉绷紧，人为地制造山一种身姿婀娜、步态轻盈、有若弱柳迎风摇曳的体态。

几百年来，缠足陋习也曾几度废止，清初曾有御令禁止缠足，近代太平天国也采取了迫使解足的措施，维新派则更加批判并主张革除缠足陋习，但这一切都未能从根本上达到目的和开展起来。直到20世纪初年，随着辛亥革命的兴起，才迎来了不缠足运动的新开始。孙中山发出了禁缠足的文告，得到社会各界的支持，民初社会出现了天足兴、纤足灭的社会风尚。至新文化运动期间，禁缠足陋习已经在城市，尤其在知识界，呈现出一种普遍现象，学界妇女几乎全是天足，而文明女学士尤其是高其裙、革其履了。男学生受先进思想影响，回到家乡更不愿娶缠足女子为妻。时装画瓷器上的女子也就是从这一时期开始，不再出现金莲小脚，换上了宽松的各式鞋子。放足是标志男女平等走出第一步的最好记录，卸去菱鞋放足的女子，腰背挺直了许多，连神情也变得轻松而疏朗

59 树下倾谈图长颈瓶

约1925年

高42.5、口径17、底径14厘米

庭院之前，柳树桃花相映，两位短发女子与一结髻妇人相对攀谈。桃树旁之短发女子上身着V字领蓝底团花上衣，下着水绿网格裙，肉色丝袜，手提一橘红色提袋。另一短发女子上着矮领绿色黑花边阔袖上衣，下着黑色花边带褶裙。结髻妇人身着绿领边紫色底黑花阔袖无领卜衫，下着黑色网格花裙，裙侧打褶。三女子皆着黑色尖头布鞋。右侧一红衣绿裤的男童，背着一个浅紫上衣、扎桃髻的幼童，另一男童正在放风筝。远处廊庭深邃，苍松之间露出百叶窗。

背面题："两两三三过村前，中有美人色更鲜，汗湿红妆花带露，云堆绿鬓柳拖烟。"

起来。

五、妆容、饰物及其他

明、清妇女崇尚秀美，眉毛画得弯曲而纤细，长短、深浅的变化不甚明显，显得温柔贤淑有加，民国

妇女亦沿袭此传统。《上海鳞爪》竹枝诗里关于画眉
是如此说的："眼前一派好姣娘，喜把双蛾剃得光。对
镜重新挥彩笔，画来八字细而长。"时装画瓷器上也
常见"不爱浓妆巧画眉，天生美质世间稀"和"晓雾
眉分柳柔长"的题诗。可见民国妇女崇尚清淡、素雅
的眉妆。

　　近代妇女曾因反对旧的封建礼教，一度废除穿
耳。直至20世纪30年代，出现了一种夹式耳环，也
就使得妇女不用穿耳也能戴上漂亮的耳环。竹枝诗中
说："天生耳朵也装潢，珠玉连环缀两行。下宕宛如
多宝串，双趺摆动响铿锵。"这时期的妇女颇喜戴手
镯，手镯的样式也千变万化，归纳起来大致有几种。
一种是由金银珠玉制作成环形，属硬性的装饰，直接
套在手臂上，简洁大方；另外还有金属丝制成的链条
镶宝的软性手链。总的来看，耳环也好，手镯也好，
是一直从古延续至今的饰品，并无太大变化，又是旧
时代女子的专利，因而在时装人物画瓷器的表现中，
并未作为重点来描绘，手镯只在极少数女子手上看
到，时间也多为早期。尤其是耳环，为了抗议妇女肢
体受到的残害，还曾一度成为反封建反旧制的废弃
物，所以瓷器里的女子几乎看不到有佩戴耳环的，这
大概也是作者们有意对文明新装的提倡，而故意忽略
的吧。

　　"一条白绢颈边围，整朵鲜花钿上垂"，簪花是此

---

60 游园图深腹盖罐

戊辰年（1928年，民国十七年）

通高26、口径9、底径13.5厘米

花园假山，厅廊迂回，花木摇曳，美人携子游兴正浓。两女子亲密攀谈，高个
女子刘海如垂丝，耳畔云髻双垂；上穿矮立领的红地圆点纹衣衫，下穿翠色短裙，
一侧开衩打褶，饰有三枚纽扣；脚穿蓝色尖头鞋。旁立女子着湖蓝色圆摆衣衫，上
有锦绣黑花，着黑色打褶短裙。花园台阶之下，一个梳髻小童手持小鼓，身旁另一
红衣女子手执万字手帕，下穿绣花马面裙。

　　背面题："汗湿红妆花带露，云堆绿髻柳拖烟。时属戊辰仲夏月书于昌江之西
轩，松林阁作。"

时期妇女的新宠。民国妇女发髻的装饰，总是喜欢插一朵大花，大的竟和毛线球一样，突出鬓边，别有一种姿态，婀娜中略带刚劲。至于头花，往往是插鲜花，也有插人造的京花的，论色香味当然京花不如鲜花，但价钱便宜并且戴得时间较长。家里较有钱的中产阶级以上的妇女，也有把珍珠扎成花朵或虫鱼器物的图案，插在发髻的周围及上面，不过只有在喜庆应酬的场面才用，平时却少见如此盛装。

这批时装人物画瓷器描画的多是家居场面，所以鲜见妇女珠宝盛装，但簪花的仪容芳踪比比皆是，最典型的当属庚申年（1920年）潘肇唐所作簪花仕女深腹小罐。罐身上描绘两位年轻女子戏耍于花园中，刚刚摘下花朵正在插别试妆，两女子一坐一立、一左一右相互映衬，分外俏丽。旁边题诗句"摘花与侬比容貌，何秀娇"（图17）。

至于发髻簪花的由来，也是经历了一个变化的过程。以前的发髻都用绒线绳结发系心，发绳的颜色也有所区别，主要为白，次是黄，再次是绿，在黑油油的发丝中透露出浅色的发绳，这在早期的时装画瓷器里较为多见。民国中期以后，不再将发髻盘成带心的样式，因此或簪鲜花或别绒线花，更有追赶时髦的女子，在发髻扎起西式的丝绸蝴蝶结，比起那些用白绒线满扎发髻的妇女，显得轻描淡写得多了，这在时装画瓷器中也多有描绘。除了发髻上

61 美女形花插

约 1928 年后

高 22 厘米

花插造型为人物喷塑像：一女子眉清目秀，腮粉唇红。脑后梳髻，额发中分。身着半高立领蓝底金团花中式衫，衣襟斜扣，袖至八分；下着白色打褶马面长裙。右手执一白底金花小洋包，右侧一物。此物下为土黄色长方墩，墩上两片绿叶上有一酱色瓷盆，内为空心，可作插花用。此花插融美感与实用于一体。

簪花,也有许多女子喜欢在胸襟前别上鲜花或珠宝胸花,以示风流。由瓷绘中大量的此种装束来看,新潮的时尚深得人心。

伞和包是妇女出门必不可少的用品,除了实用目的之外,它们还是炫耀摩登潮流的饰物。丁巳年(1917年)和戊午年(1918年)的瓷器上最早出现了打着洋伞的女子形象,此种伞已非旧式的油纸伞,而是带有弯柄的洋绸伞,再加上"卫生执柄洋绸伞,护爱花容掩太阳"的诗句,愈加显得时髦可爱了(图3、8)。除了伞,妇女们还喜爱一种梯形拎包,它的样式非常小巧轻便,颜色也很鲜艳,以橘色为最多,有的包上还绣有花纹。

在女眷聚合的场面中,自然少不了携子拖女的欢娱亲情,孩童们天真活泼的体态,还有他们也在变化中的服饰,为时装瓷平添了许多情趣。此时,儿童服饰变化的代表不是衣裤,而是帽子。一半以上的时装

62 长方形花插

约1928年后

高16、宽10.5、厚4厘米

花插呈长方形,四边为金色花边,上顶角有两朵红色花朵。中部为一女子半身浮雕像,此女子手执一枝红色花,梳中分后结髻发式,身着高立领白底碎花八分袖旗袍,面部生动,身形清晰可见。此花插无年款,估计年代较晚。

画瓷器里，儿童都戴着一种圆形的帽子，叫贝雷帽，又称"法国帽"。这种帽子原是法国和西班牙边境农民日常戴的一种便帽。民国时期，它开始风行于中国。时装画瓷器中的贝雷帽，基本式样是圆形平顶无沿式，帽顶帽墙连在一起，但细究起来，在款式上又有细微差别。有的用两种颜色镶拼而成，帽片是三角形的，开八片，帽顶中间有一小裤；而有的整只帽子由一块单色圆形帽片制成，或几八片或整片，也有的帽口帽边用松紧带收紧，帽顶加花，戴起来俊俏可爱，洋味十足。

民国的暴风雨来得猛烈异常，它迎来了穿着洋装、说着洋文的莘莘学子，推翻了满清帝制，建立了中华民国新内阁。当内阁成员们穿起西式礼服，妇女的服饰更加掀起了一场革命，服饰的等级制度被打破，服装的质地和样式在变革。爱美是女人的天性，有了民主思想的女性，率先冲破了长袍紧袖的禁锢，将身体曲线一点一点展现出来，宽大的衣袖向短窄方向发展，露出玉腕藕臂；短袄的腰身紧缩起来，显示出纤纤腰枝；裙子也从脚踝上升到膝上，现出洁白的小腿；衣领从高遮面颊到矮领、无领，最终露出颀长的脖颈，这一切都来得那么新鲜而迅速，好像刮起了一场大风。

风起霓裳，真正穿着时装的妇女，在民国瓷器上存在的时间仅有短短的二十年左右。虽然时装画瓷器记载的这一段时光，在历史的长河中显得是那么微不足道，但它确实标明了人类精神的又一次解放。面对今日服装已经进入个性化的时代，再回顾走过的历程，才发现它多么的来之不易。服装从标榜礼仪、束缚个体生灵的绳索到成为张扬个性、倡导平等的载体，人的自身起了翻天覆地的变化。社会经济、生产、科学、文化的变革，归结到底，是为了满足人的需要。社会经济、生产的发展，要求每个人都能自觉积极地投入社会的怀抱，发挥自己的潜能和才智，而这必须靠一种自由、平等的文化精神，若缺乏这种精神，就无从谈起个体的奉献。旧的人伦文化长时期与自由平等的价值观格格不入，泯灭了人性，而近代服饰的变革，正是以个体为本位，要求摆脱传统人伦文化的束缚。虽然它强调的是发挥个人价值的个性主义原则，但却有自我觉醒的深刻内涵。有了个体的觉醒和精神进化，才有人群整体的觉悟，才有社会的解放和变革。穿衣打扮、家庭生活、妇女生活的发展史，是近代社会精神变革中的重要一环。

注释

① 《上海鳞爪》郁慕侠著，上海书店出版社 1998 年版。

② 载《半月》第 4 卷第 1 期，大东书局 1924 年出版。

③ 《上海鳞爪》郁慕侠著，上海书店出版社 1998 年版。

④ 陶宗仪《南村辍耕录》卷十 编号 《四部丛刊》三编（56）上海书店 1985 年 12 月印行。

⑤ 《鲁迅全集》第四卷第 505 页。

图 版 索 引